素质教育必备　校本读物首选

中小学生安全知识图解手册

主编　马利虎

防火·防盗·防震·防病·防溺水·防触电

防中毒·防交通事故·防网络腐蚀·防意外伤害

东南大学出版社
·南　京·

图书在版编目(CIP)数据

中小学生安全知识图解手册/马利虎主编. 一南京:东南大学出版社,2010.12(2013.8重印)
(中小学生安全·礼仪·法制·环保·卫生防疫知识)
ISBN 978-7-5641-2557-8

Ⅰ.①中… Ⅱ.①马… Ⅲ.①安全教育-青少年读物 Ⅳ.①X925-49

中国版本图书馆CIP数据核字(2010)第248537号

中小学生安全·礼仪·法制·环保·卫生防疫知识丛书

出版发行:东南大学出版社
社　　址:南京市四牌楼2号　邮编:210096
出 版 人:江建中
网　　址:http://www.seupress.com
主　　编:马利虎
经　　销:全国各地新华书店
印　　刷:淮安市亨达印业有限公司
开　　本:850mm×1168mm　1/32
印　　张:15
字　　数:360千
版　　次:2010年12月第1版
印　　次:2013年8月第2次印刷
书　　号:ISBN978-7-5641-2557-8
印　　数:40001~120000
定　　价:65.00元(共5册)

编者寄语

安全工作责任重大，安全教育必须从严抓起。安全知识缺乏，安全意识淡薄，思想麻痹，是造成各类安全事故的重要隐患。火灾、盗窃、触电、溺水、交通事故、人身伤害、重大疫情等安全事故一旦发生，不仅伤害学生的身心健康，而且影响学校的教学秩序，严重的甚至影响到社会稳定。

党和政府高度重视中小学校安全工作，各级部门也采取了不少相应措施。我们认为注重教育，加强学习，提高意识，认真防范，这才是中小学做好安全工作的根本前提。为了丰富学生的安全知识，增强学生自我防范和自护自救的能力，我们新编了《中小学生安全知识图解手册》。该手册内容丰富，语言简洁，并配有流行的卡通漫画，生动有趣，可读性很强，非常适合中小学普及学生安全知识时使用。

火警电话：______ 盗警电话：______ 交通事故：______
求医电话：______ 电话查询：______ 家庭电话：______
校长室电话：______ 安保科电话：______ 班主任电话：______
全国中小学生安全月：______________________________
全省中小学生安全日：______________________________

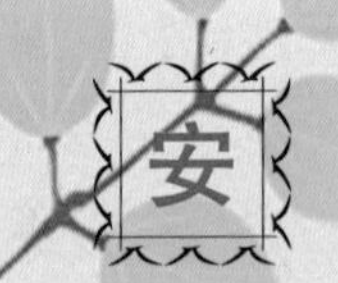

抓紧行动，消除隐患；
提高警惕，参与活动。
学习常识，掌握技能；
自护自救，安全保证。
珍爱生命，保护财产；
千家安康，万户欢乐。
安全工作，事关稳定；
坚持不懈，警钟长鸣。

目　录

上网安全

饮食安全

消防安全

家庭生活安全

校园安全

体育运动安全

外出活动安全

游戏安全

社会生活安全

防止意外伤害

远离毒品

自护自救

自然灾害防范

安全教育图片及特别提示一

开展安全教育讲座

▲特别提示:

(1)灾祸之源是思想麻痹、意识淡薄

(2)安全知识可强化意识,减少事故

(3)减少事故须加强防范,消除隐患

(4)提高自护自救能力是学校的责任

安全教育图片及特别提示二

开展事故警示教育

▲特别提示：

(1)现场参观、实地考察，警示教育不可少

(2)抓住典型、广泛讨论，实例教育印象深

(3)征集事例、定期公布，帮助分析找原因

(4)如何避免，针对事故，依据手册谈感想

▶我的想法：

安全教育图片及特别提示三

防止运动伤害

▲特别提示：

(1)运动易生事故，谨慎防范是根本

(2)听从老师指挥，遵守规则很重要

(3)摔伤扭伤踩伤，运动伤害很痛苦

(4)救护及时科学，盲目关心不可取

▶我的想法：

安全教育图片及特别提示四

违章车辆事故多

▲特别提示:

(1)报废车、无证车,营运黑车危害大

(2)摩的车、三轮车,便宜带客风险多

(3)无证违章去驾驶,车祸发生在眼前

(4)安全乘驾、远离违章,可避免事故

►我的想法:

安全教育图片及特别提示五

校园灭火演练

▲特别提示：

(1)火灾如猛虎，它可让一切化为灰烬

(2)学习防火知识，可以避免火灾发生

(3)演练提升技能，自护自救非常重要

(4)防火胜于防贼，加强防范不可缺少

▶我的想法：

安全教育图片及特别提示六

火场逃生演练

▲特别提示：

(1)火灾发生静思考，捂鼻莫哭防中毒

(2)火灾切勿乘电梯，乱躲乱跑都不行

(3)熟记逃生十五法，科学逃生很重要

(4)离开火场速报警，勿因救人又返回

►我的想法：

安全教育图片及特别提示七

防止森林火灾

▲特别提示：

(1)不带火种进森林，野炊灰烬须灭尽

(2)发生林火莫慌逃，迅速报警详报告

(3)森林火灾莫乱跑，山涧河流空地好

(4)逆风突围是首选，烧过地方较安全

安全教育图片及特别提示八

黄蜂有毒莫乱捅

▲特别提示：

(1)出门游玩须防患，虫蛇猫狗易蜇咬

(2)丛林草地穿长裤，扎紧裤脚穿好鞋

(3)蝎子蜈蚣和马蜂，还有毒蛇莫触碰

(4)一旦蜇咬快处理，清洗包扎急送医

►我的想法：

安全教育图片及特别提示九

高压线下钓鱼易触电

▲特别提示：

(1)高压线旁或下雨天千万不能钓鱼
(2)电线电缆断落或者接地切勿靠近
(3)雷雨天室外不能使用电话和耳机
(4)勿在高顶处大树下和铁塔旁避雨
(5)雨天勿接触电器或金属等导电物
(6)雨天勿在室外洗衣、游泳或垂钓

▶我的想法：

安全教育图片及特别提示十

谨防游泳溺水

▲特别提示:

(1)如不会游泳千万不要到水中玩耍
(2)不到有野草或乱石的河塘里洗澡
(3)沟河里水在流动时千万不要洗澡
(4)水中如果有旋涡应设法避让开来
(5)风浪太大切勿乘船游玩或者渡河
(6)水中逃生时抓住易漂浮物并呼救

▶我的想法:

安全教育图片及特别提示十一

当心掉进冰窟窿

▲特别提示：

(1)冬天千万不能到野外冰上溜冰
(2)寒天莫为贪走近路而横穿冰面
(3)掉进冰窟窿先向前趴爬后滚行
(4)千万不可站立乱蹬或忘记呼救
(5)应采用竹竿交叉或铺木板营救
(6)小朋友发现应立即喊大人营救

安全教育图片及特别提示十二

洪水来临自护救

▲特别提示：

(1)洪水来到前首先关掉水电煤气锁好门
(2)带好药品、食品、电筒、手机及彩色衣
(3)向最近的高地且便于营救的地点转移
(4)手电、镜子、口哨、篝火都是求救信号
(5)关键时树木、门板、塑料泡沫也能救生
(6)节省饮水、饮食和体力，争取营救时间

▶我的想法：

安全教育图片及特别提示十三

海啸威力猛

▲特别提示:

(1)发生地震和飓风可能引起海啸
(2)海啸速度快,威力猛,破坏力强
(3)接到警报后切不可到海边游玩
(4)准备好水、手电、食品和救生衣
(5)速撤离并躲进高处坚固房屋中
(6)木头、门板、楼顶均可暂时救生

安全教育图片及特别提示十四

泥石流危害大

▲特别提示：

(1)泥石流往往来势凶猛，破坏力极强
(2)接到暴风雨警报后，应远离低洼处
(3)应选择向坚固的山体等高处逃生
(4)切不能向土石松软处逃跑或躲藏
(5)坚固的房屋顶或楼上可暂时避险
(6)妥善自我保护，尽量争取营救时间

▶我的想法：

安全教育图片及特别提示十五

远离龙卷风

▲特别提示：

(1)空气强烈对流运动容易形成龙卷风
(2)龙卷风可以吸走人畜甚至水中鱼虾
(3)野外遇龙卷风应趴到低洼处或山洞
(4)在家中应关紧门窗，躲到坚固房屋中
(5)在山区躲避应防止有洪水或泥石流
(6)关键时抛弃随身的雨伞、风衣或长裙

安全教育图片及特别提示十六

强烈地震毁校园

▲特别提示：

(1)发现地震征兆应迅速远离劣质建筑物
(2)破坏性地震逃生时间至多只有十二秒
(3)在室内能及时逃出则逃，否则就近求生
(4)坚固的家具下和卫生间墙角都可躲藏
(5)速趴到墙角并立即用物护头非常重要
(6)被困时保持体力，并击物发声设法待救

▶我的想法：

认识道路

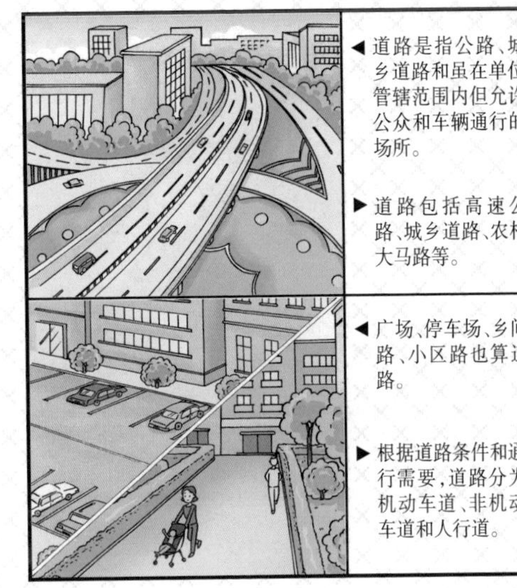

◀ 道路是指公路、城乡道路和虽在单位管辖范围内但允许公众和车辆通行的场所。

▶ 道路包括高速公路、城乡道路、农村大马路等。

◀ 广场、停车场、乡间路、小区路也算道路。

▶ 根据道路条件和通行需要，道路分为机动车道、非机动车道和人行道。

分清车辆

◀ 车辆是指机动车和非机动车。机动车是指以动力装置驱动或牵引，在道路上行驶的轮式车辆。

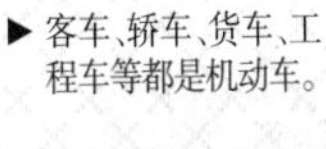

▶ 客车、轿车、货车、工程车等都是机动车。

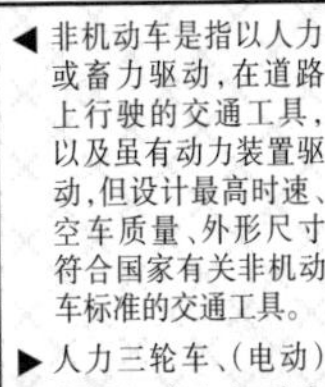

◀ 非机动车是指以人力或畜力驱动，在道路上行驶的交通工具，以及虽有动力装置驱动，但设计最高时速、空车质量、外形尺寸符合国家有关非机动车标准的交通工具。

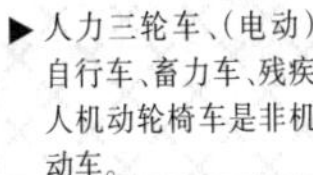

▶ 人力三轮车、(电动)自行车、畜力车、残疾人机动轮椅车是非机动车。

行 走 安 全

◀ 车走行车道，人走人行道，无人行道则应靠右边行走，这样较安全。

▶ 较窄的混合道路，要注意避让车辆，不并排走路、挡人、挡车。

◀ 不带宠物到马路上散步，不在马路上逗留。

▶ 注意交通信号和交通标志，不随意在马路上猛跑和斜穿。

专 心 走 路

◀ 走路东张西望或思想开小差最容易出事故。

▶ 边走边看书或戴耳机听音乐容易忘记周边环境，极易造成交通事故。

◀ 掉在路上的西瓜皮、碎砖石或路边的隔栏桩等，如不专心都能让你摔跟头。

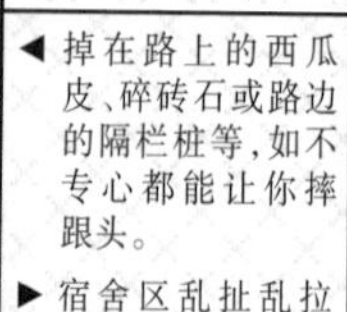

▶ 宿舍区乱扯乱拉的晾衣绳、不慎掉落的电话线可能会绊倒你或刮伤你的眼睛。

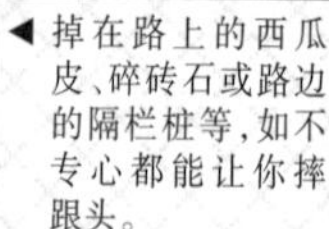

不在马路上玩耍

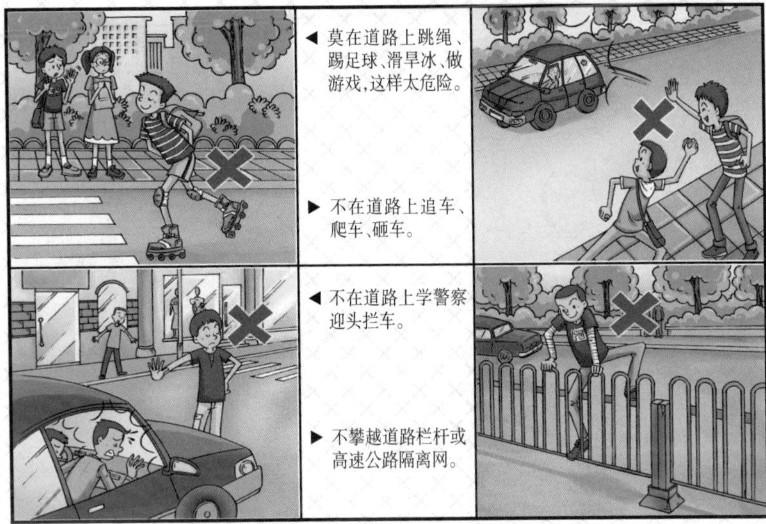

◀ 莫在道路上跳绳、踢足球、滑旱冰、做游戏，这样太危险。

▶ 不在道路上追车、爬车、砸车。

◀ 不在道路上学警察迎头拦车。

▶ 不攀越道路栏杆或高速公路隔离网。

安全过马路

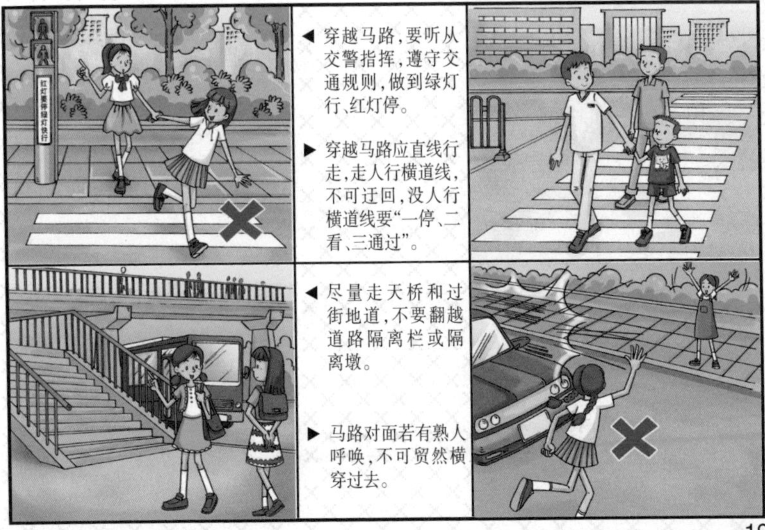

◀ 穿越马路，要听从交警指挥，遵守交通规则，做到绿灯行、红灯停。

▶ 穿越马路应直线行走，走人行横道线，不可迂回，没人行横道线要“一停、二看、三通过”。

◀ 尽量走天桥和过街地道，不要翻越道路隔离栏或隔离墩。

▶ 马路对面若有熟人呼唤，不可贸然横穿过去。

骑车安全（一）

◀未满12岁的儿童不准骑车上街。不准在街道或马路上学骑车。
▶要经常检修（电动）自行车，确保车闸、车铃（或喇叭）完好、灵敏。
◀车型大小要适合，不能大人骑儿童车或儿童骑大型车上路。
▶骑自行车或电动自行车应在非机动车道上靠右侧行驶，不逆行。

骑车安全（二）

◀要超车，应提前按铃或喇叭，再从左侧超越，不得影响被超越者行驶。
▶要转向，应先减速并打手势或按转向灯，向后看，待安全时再转向。
◀经交叉口，要减速慢行，并左右观察来往行人和车辆，不可强行穿过。
▶遇红绿灯，应注意红灯停，绿灯行，切不可硬闯红灯。

骑车安全(三)

◀不双手离把或一手扶把一手持物(如举伞)骑车。

▶ 不在道路上追逐、打闹或并行骑车。

◀ 不骑车带物超高、超长、超宽。

▶ 不骑车带人或装载过重东西。

骑车安全(四)

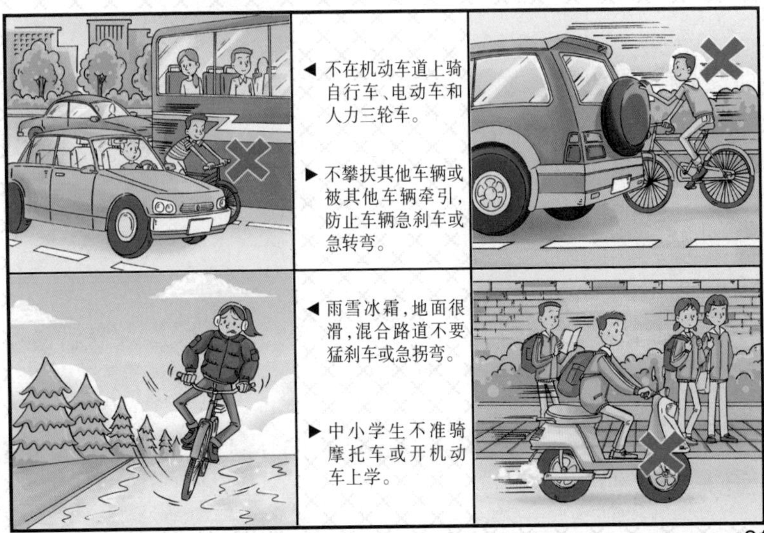

◀ 不在机动车道上骑自行车、电动车和人力三轮车。

▶ 不攀扶其他车辆或被其他车辆牵引,防止车辆急刹车或急转弯。

◀ 雨雪冰霜,地面很滑,混合路道不要猛刹车或急拐弯。

▶ 中小学生不准骑摩托车或开机动车上学。

当心掉入窨井

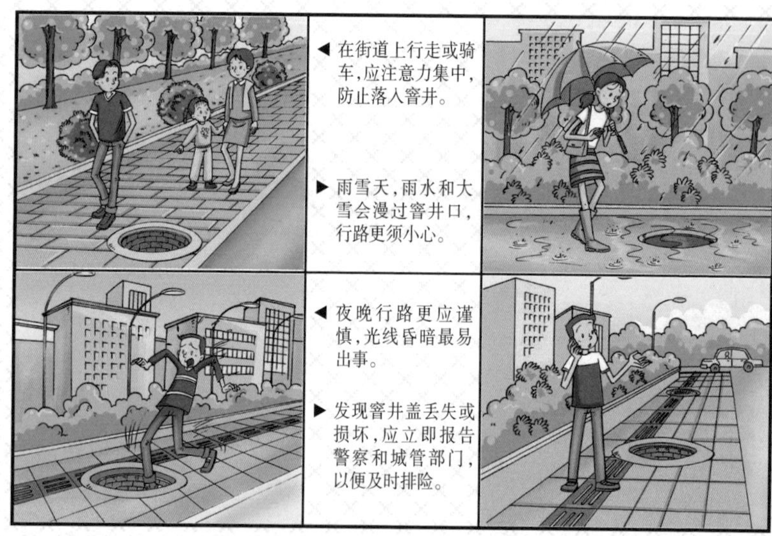

乘车安全（一）

乘车安全(二)

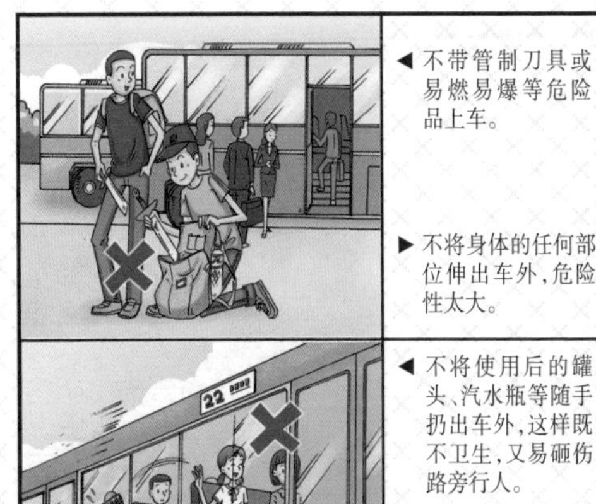

◀ 不带管制刀具或易燃易爆等危险品上车。

▶ 不将身体的任何部位伸出车外,危险性太大。

◀ 不将使用后的罐头、汽水瓶等随手扔出车外,这样既不卫生,又易砸伤路旁行人。

▶ 不在火车车门或车厢连接处玩耍,防止被车门或车厢连接板夹伤或挤伤。

乘车安全(三)

◀ 不坐报废车、非营运车,这类车是黑车,安全无保障。

▶ 不坐拖拉机、客货混装车、超员车。

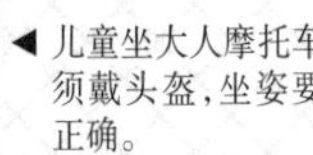

◀ 儿童坐大人摩托车须戴头盔,坐姿要正确。

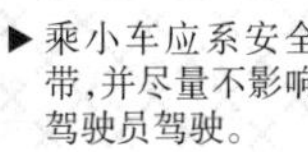

▶ 乘小车应系安全带,并尽量不影响驾驶员驾驶。

乘船安全(一)

◀ 不坐无证船只和超载船只，它们无安全保障。
▶ 如遇浓雾、台风、大浪等恶劣天气，应尽量不乘船。
◀ 上下船不得拥挤、争抢，以免造成挤伤、踩伤。
▶ 上船应站稳或坐好，不到船头甲板或扒栏杆玩耍，以免落水。

乘船安全(二)

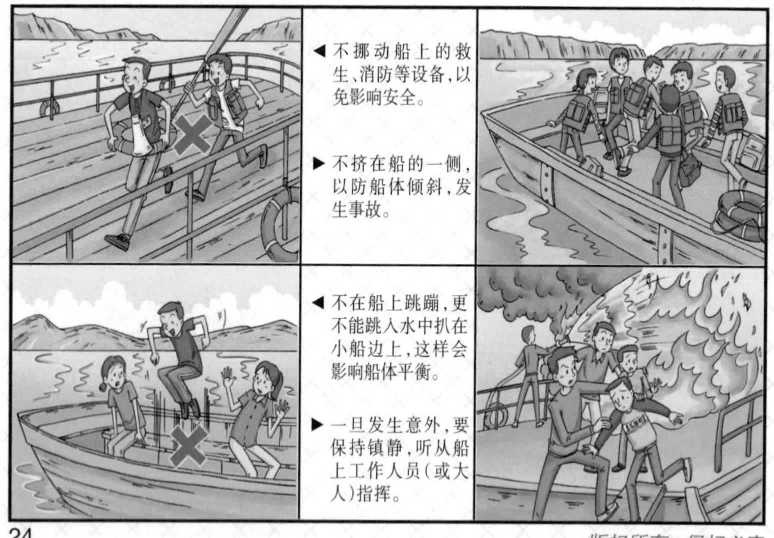
◀ 不挪动船上的救生、消防等设备，以免影响安全。
▶ 不挤在船的一侧，以防船体倾斜，发生事故。
◀ 不在船上跳蹦，更不能跳入水中扒在小船边上，这样会影响船体平衡。
▶ 一旦发生意外，要保持镇静，听从船上工作人员(或大人)指挥。

防范铁路交通伤害

◀ 不在枕木上走路，不趴在铁轨上玩耍，不在铁轨上放东西。

▶ 不爬车，不跳车，不钻车，不在停下的火车周围玩耍、逗留。

◀ 不在铁道 10 米内玩耍或走路，火车速度太快，强大的气流易将人卷进铁轨。

▶ 过火车道口，应注意信号灯和栏杆，不可随意穿越道口或攀爬栏杆。

上网安全（一）

◀ 自己跟师长订个规则，确定上网的时间和只能做什么，然后把规则放在电脑前时常提醒自己。

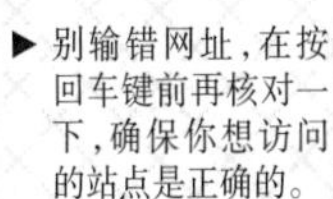

▶ 别输错网址，在按回车键前再核对一下，确保你想访问的站点是正确的。

◀ 不同聊天室里有不同的规则和不同的人，进入前须征得师长同意。

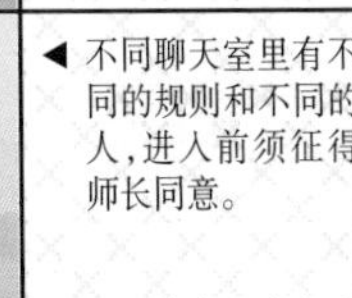

▶ 不可将自己或家人的姓名、照片、住址、电话、银行卡号等情况告诉对方。

上网安全(二)

◀ 不要打开来自陌生人的电子邮件或文件，收到陌生的电子邮件别轻易回复它。

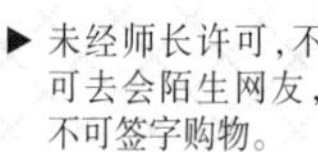

▶ 未经师长许可，不可去会陌生网友，不可签字购物。

◀ 不可与人共享密码。共享任何你的信息，在网上都能被在线的任何人看到。

▶ 网上虚假的东西很多，对方说的也不一定是真的，须起个网名谨慎应对。

“三无”食品危害大

◀ 小摊小店的“三无”食品好吃、好看、又好玩，还挺便宜呢。

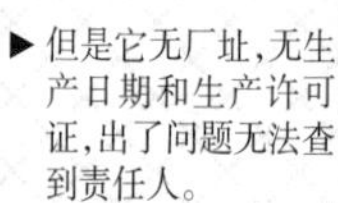

▶ 但是它无厂址，无生产日期和生产许可证，出了问题无法查到责任人。

◀ 添加剂和菌落总数严重超标，吃了易上瘾，会致癌，危害极大。

▶ “三无”食品还可影响青少年智力、身高等发育。

“垃圾食品”应少吃

◀ 有些食品仅提供热量，无其他营养素，还有增加色、香的添加剂，反而对人体有害。

▶ 有些食品提供超过人体的需要，变成多余的成分，对健康的害处就更多了。

◀ 烧烤、油炸、腌制、罐头、冷冻甜点、奶油制品等垃圾食品或致肥胖、高血压，或致肠胃病、肾脏病，还会导致癌症。

▶ 少吃垃圾食品，多食正常饭菜，科学合理地饮食，是保证卫生安全的重要法则。

霉变食品不能吃

◀ 食品放久易生霉，肉鱼类食品常温下4小时以后就不宜食用了。

▶ 霉变食品在显微镜下会查出有很多有害细菌和病毒。

◀ 吃了霉变食品会引起食物中毒，甚至导致其他疾病。

▶ 若误食霉变食物中毒严重者，需速找医生诊治。

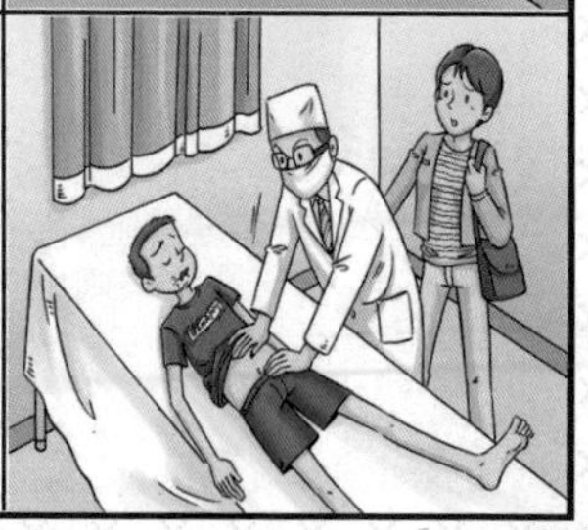

当心有毒蔬菜

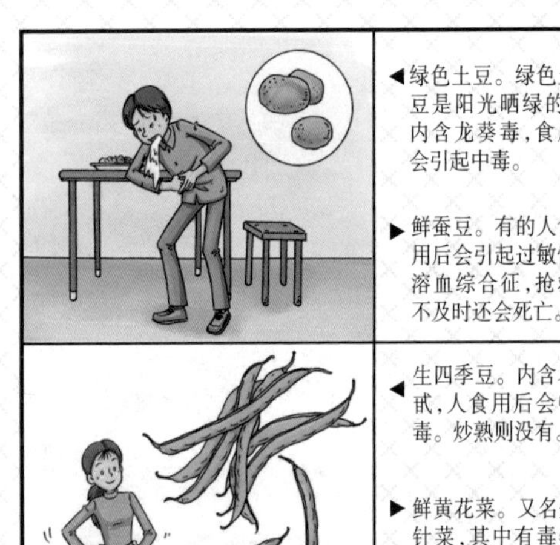

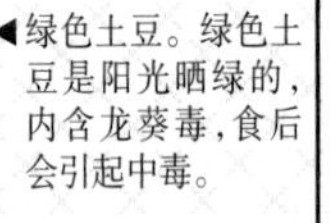

◀绿色土豆。绿色土豆是阳光晒绿的，内含龙葵毒，食后会引起中毒。

▶鲜蚕豆。有的人食用后会引起过敏性溶血综合征，抢救不及时还会死亡。

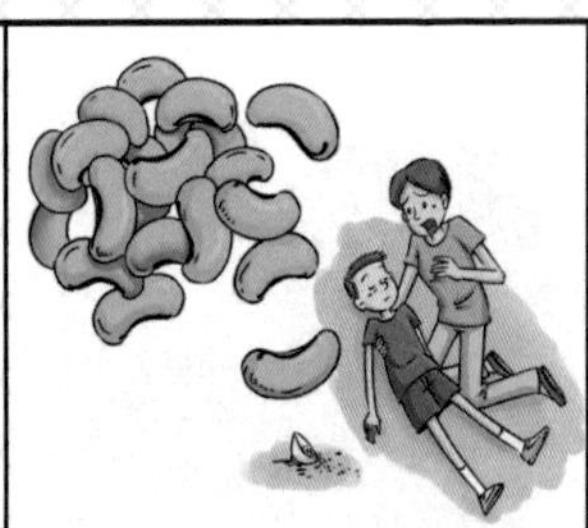

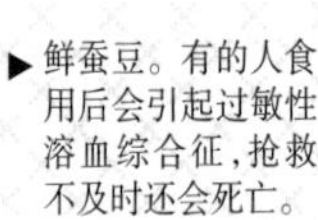

◀生四季豆。内含皂甙，人食用后会中毒。炒熟则没有。

▶鲜黄花菜。又名金针菜，其中有毒物质秋水仙碱进入人体易使人中毒。

谨防有毒蘑菇

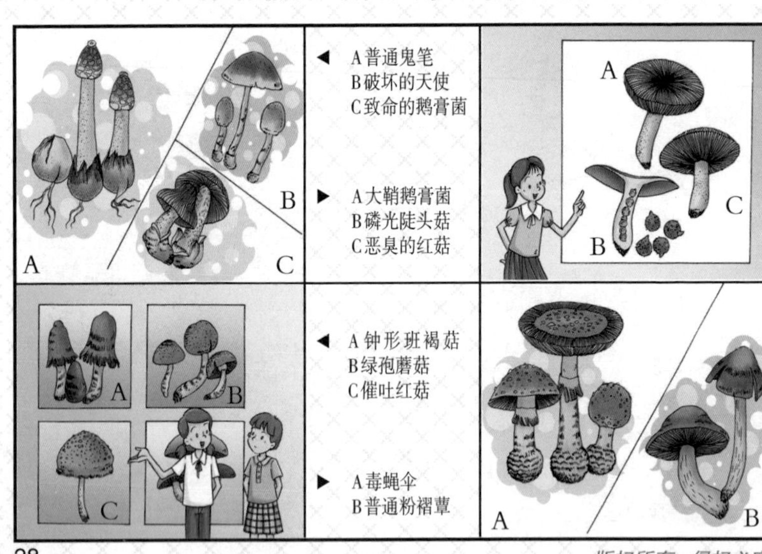

◀ A普通鬼笔
B破坏的天使
C致命的鹅膏菌

▶ A大鞘鹅膏菌
B磷光陡头菇
C恶臭的红菇

◀ A钟形斑褐菇
B绿孢蘑菇
C催吐红菇

▶ A毒蝇伞
B普通粉褶蕈

禁食毒鱼毒贝

◀ 毒鱼品种多达170余种。如豚毒鱼类中，河豚鱼中毒致死的事经常见到。

▶ 有些毒贝中的毒素主要侵害人的神经系统，常常可导致死亡。

◀ 青皮红肉鱼类。如鲭鱼、秋刀鱼、金枪鱼等，如烹调食用不当，易中毒致死。

▶ 一般鱼的鱼胆也不能食用，中毒致死的事也常发生。

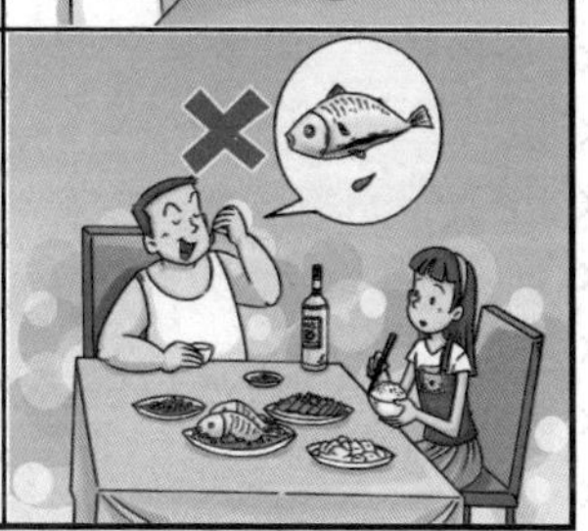

食物中毒自救措施

◀ 吃了有毒食物后，会出现头晕、呕吐、腹泻、全身冒汗等症状。

▶ 可用手指或筷子轻轻刺激咽喉引起呕吐反应，使中毒者吐出吃进的食物，以减少毒素吸收。

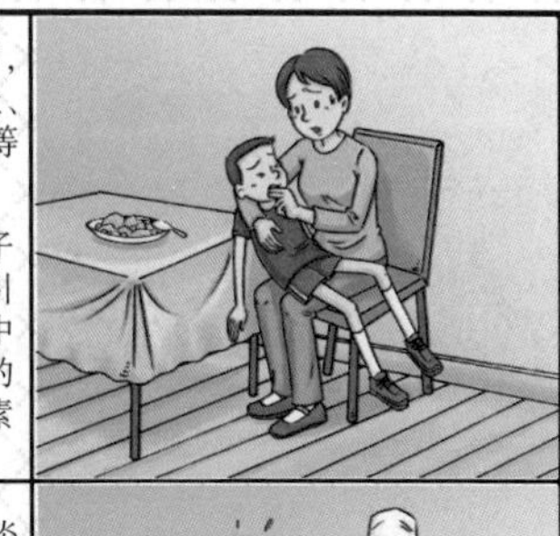

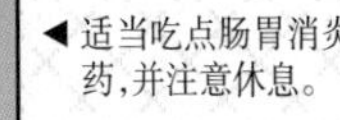

◀ 适当吃点肠胃消炎药，并注意休息。

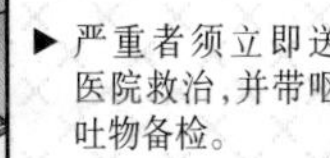

▶ 严重者须立即送医院救治，并带呕吐物备检。

这些水不能喝(一)

◀ 河滨水不能喝，因为水里会含有寄生虫、病菌等有害物质。

▶ 村旁田头沟塘内的水不能喝，化肥、农药、有害有毒病菌常混在里面，对身体健康极不利。

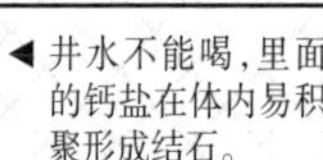

◀ 井水不能喝，里面的钙盐在体内易积聚形成结石。

▶ 未煮沸的自来水不能喝，里面的氯仿、卤代烃等化学物质易致癌、致畸，煮沸后则没有。

这些水不能喝(二)

◀ 市场上劣质的矿泉水或饮料不能喝，它常常达不到卫生标准，有害物质常超标。

▶ 过保存期的矿泉水或饮料不能喝，因为水里的矿物质或添加剂会变质，变成有害物质。

◀ 贮存很久的“老化水”不能喝，因有毒物质会随时间延长而增多，易影响细胞代谢，甚至致癌。

▶ 反复煮沸的“千滚水”不能喝。因不易挥发的重金属成分及亚硝酸盐含量较高，易致肠胃病，甚至出现昏迷、死亡。

预 防 火 灾

◀ 不玩火、不吸烟、不带火种和易燃易爆品。

▶ 不私拉乱接电线，不违规使用电热类电器。

◀ 爱护消防设施，保持消防通道畅通。

▶ 火警电话119。发现火情应立即呼喊救火并报警，报警应讲清火灾的详细地址及着火的实际情况。

家庭防火(一)

◀ 使用火炉应有人看管，不可靠近衣物、柴草、床铺或木器家具等易燃物。

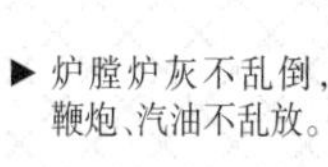

▶ 炉膛炉灰不乱倒，鞭炮、汽油不乱放。

◀ 电热类电器不能靠近易燃品，并保持通风散热。

▶ 使用煤气时应防止泄漏，储气罐必须远离火源，以防爆炸引起火灾。

家庭防火(二)

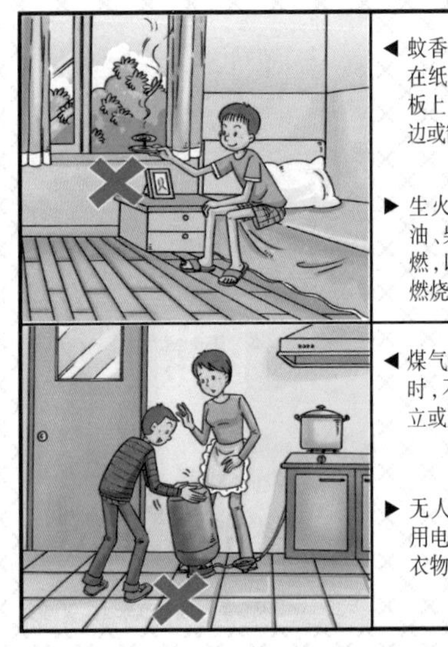

◀ 蚊香的支架不要放在纸箱、桌面、木地板上,更不能放在床边或窗台风口上。

▶ 生火时,不要用汽油、柴油和煤油助燃,以防它们猛烈燃烧引起火灾。

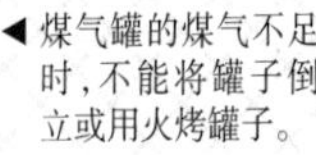

◀ 煤气罐的煤气不足时,不能将罐子倒立或用火烤罐子。

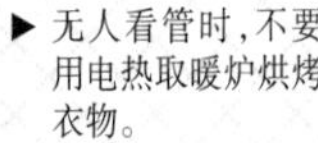

▶ 无人看管时,不要用电热取暖炉烘烤衣物。

校　园　防　火

◀ 不带火种及易燃易爆品进校园。

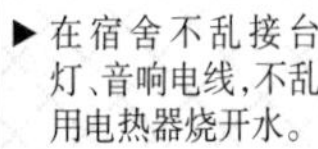

▶ 在宿舍不乱接台灯、音响电线,不乱用电热器烧开水。

◀ 上实验课用酒精灯和白磷等易燃品时,应在老师指导下正确使用。

▶ 打扫卫生时,不焚烧废纸、树叶、枯草,应运到垃圾场填埋。

外出活动防火

◀ 遵守公共场所的防火安全规定，防止乱带、乱丢、丢点火种。

▶ 草原、林区和自然保护区等禁火区千万不能点火、丢烟头。

◀ 确实需野炊活动的，须在指定安全地点和时间生火，用毕确保火种熄灭。

▶ 除自己遵守防火要求外，还要监督、劝阻他人不能造成火灾隐患。

火灾自救方法

◀ 一般东西起火，可用水浇灭，或用沙子、土，以及浸湿的棉被、毛毯等覆盖在起火处来灭火。

▶ 油类、酒精等起火，不可用水去扑救，可用沙土或浸湿的棉被迅速覆盖来灭火。

◀ 煤气起火，可用湿毛巾盖住火点，迅速切断气源，并用凉水冷却煤气罐。

▶ 电器起火，应迅速切断电源，然后再灭火。不能先用水扑救或用湿被覆盖，因为水能导电。

火场逃生方法（一）

◀ 如身受大火威胁，应冷静地分析火势和自己所处位置，再确定逃生方法。

▶ 身处平房的，如门口火势不大，应迅速离开火场；若大火封门，应迅速从窗口跳出。

◀ 身处楼房，大火未进自屋的，应迅速关紧门窗，并不断朝门窗上烧水，以防引火入室。

▶ 不要盲目跳楼，紧急时可到卫生间或浴缸里躲避。

火场逃生方法（二）

◀ 如能逃生，不可使用电梯，应走防火通道逃生，因为电梯随时可能停止。

▶ 如身上衣物着火，可以迅速脱掉衣物，或就地滚动，以身体压灭火焰。

◀ 棉被缓冲跳楼求生。如火势太猛，必须离开，在二楼可扔下棉被或沙发垫再朝上跳，以增加缓冲。

▶ 逆风疏散，搭桥救生。向上风头逃，以避烟火，或用木板、铁棍等做搭桥。从阳台、窗台、天窗等转到另一家。

火场逃生方法(三)

◀ 毛巾捂鼻、匍匐前进。火灾烟火温度高、毒性大,且集中在上部。因此速用湿毛巾捂住口鼻眼,顺地匍匐前进逃生较好。

▶ 毛毯隔火、棉被护身。用湿毛毯挡住烟火口,并不停向上浇水,以防烟火入侵,或用湿棉被、湿大衣裹在身上冲出火场。

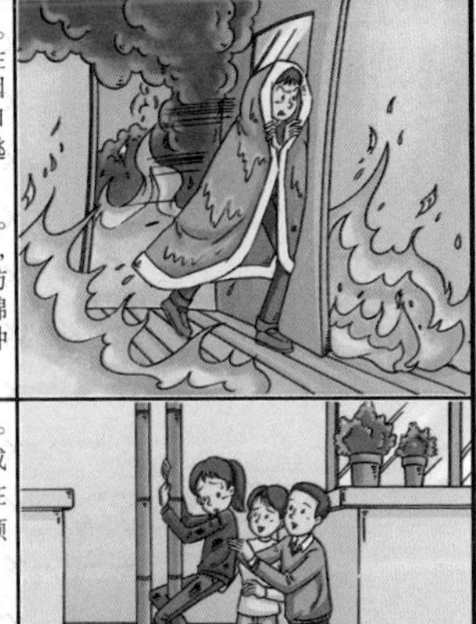

◀ 被单拧结、绳索自救。用绳索(或将被单撕成条拧成麻花状)固定在门窗或重物上,然后顺外墙爬下。

▶ 竹竿插地,管线下滑。如有长竹竿,应斜插室外地面,或顺窗台边的落水管电线杆等下滑至地面。

灭火器种类及适用范围

◀ 干粉灭火器:适用于扑救油类、可燃气体和电器设备火灾。

▶ 泡沫灭火器:适用于扑救各种油类火灾。

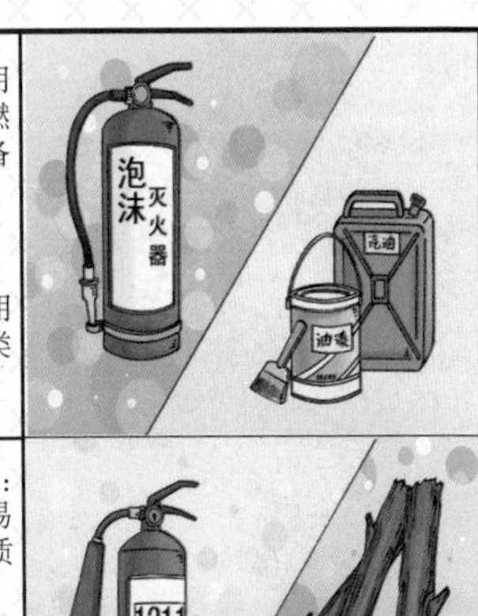

◀ 二氧化碳灭火器:适用于扑救各种易燃流体和固体物质火灾。

▶ 1211 灭火器:适用于扑救油类、带电设备、精密仪器、文物、档案等物品的火灾。

干粉灭火器的使用方法

◀ 右手握着压把，左手托着灭火器底部，轻轻取下灭火器，并提到火场。

▶ 除掉铅封，拔掉保险栓。

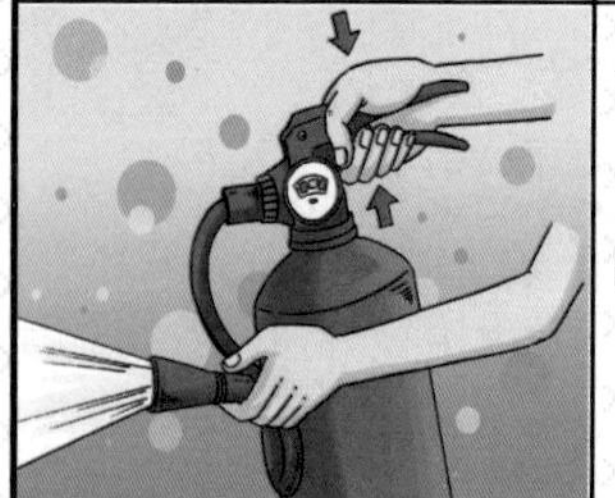

◀ 左手握着喷管，右手提着压把。

▶ 在距火焰2米处，用右手压下压把，左手拿着喷管摆动，将干粉覆盖至整个燃烧区。

怎 样 安 全 用 电

◀ 铜丝、铁钉、铝条等金属制品以及水和人体都可以导电，不要让导电物和手接触、探拭电源插座或用湿手、湿布去擦抹电器。

▶ 电器使用完毕应拔掉电源插头，电线的绝缘皮老化破损应及时更换或用绝缘胶布包好。

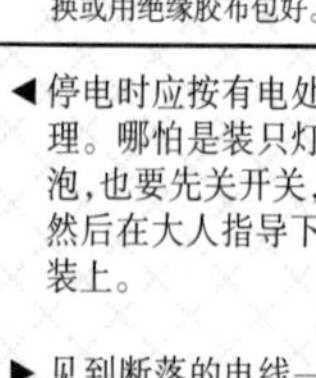

◀ 停电时应按有电处理。哪怕是装只灯泡，也要先关开关，然后在大人指导下装上。

▶ 见到断落的电线一定要远离，对于破损裸露的电线千万不要触摸。

怎样安全使用电器

◀ 家用电器用途不同，使用方法也不同，应对照说明书正确使用。

▶ 电器在使用中有冒烟、冒火花或发出糊味时，应立即关掉电源，查修后再使用。

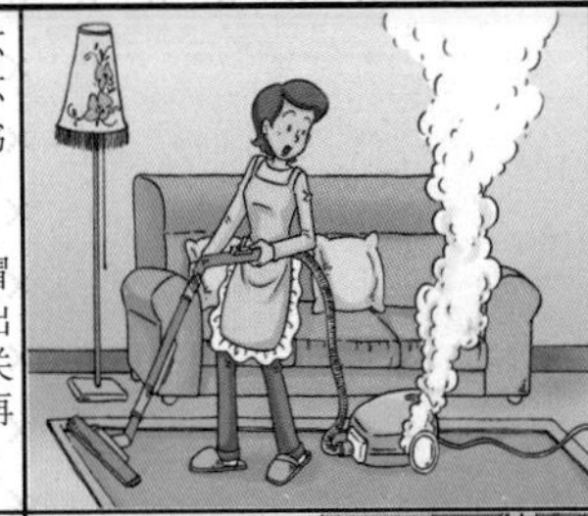

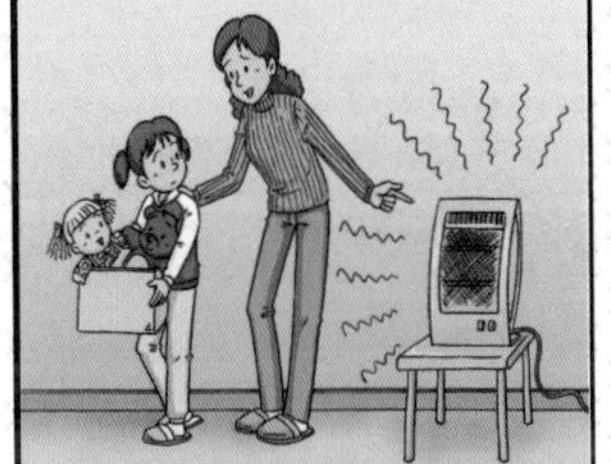

◀ 电吹风、电熨斗、电饭锅、电暖器在使用中会发出高热，应与易燃品隔离，防止发生火灾或烫伤。

▶ 电器避免在潮湿和雨淋环境下使用，电视机不宜在雷雨天气下使用，防止遭雷击。

触电怎样救人

◀ 电老虎很厉害，它短路时可引起火灾，若通过人体，还可造成伤亡。

▶ 发现有人触电要设法及时关断电源，或用干燥的塑料、竹竿、木棍等绝缘物挑开电线，千万不要用手去拉。

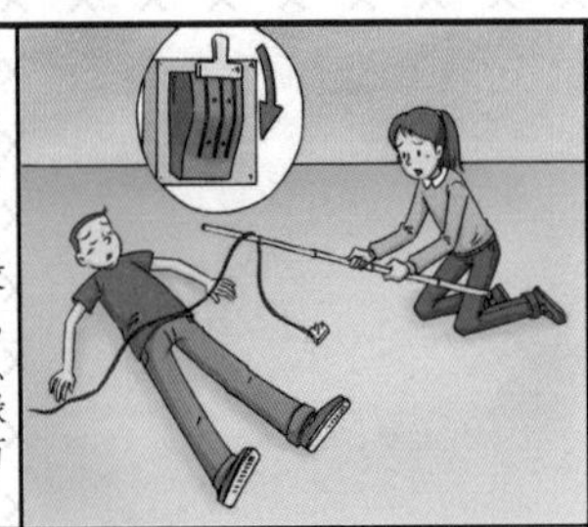

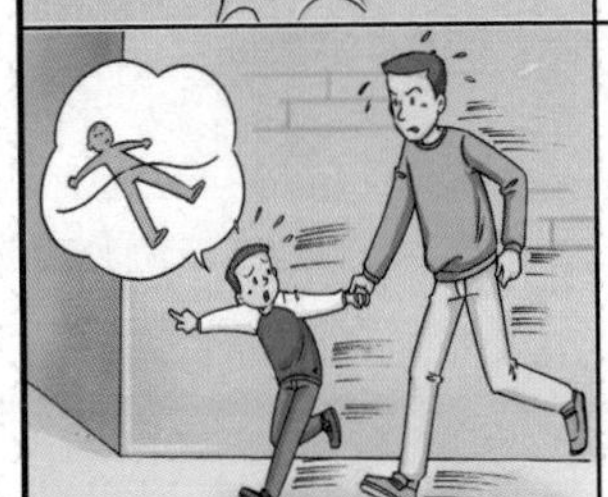

◀ 年龄小的同学遇到这种情况，应及时通知大人相助，不要自己处理。

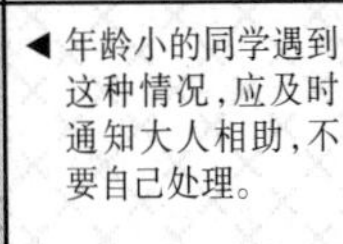

▶ 对触电受伤者，要及时送医院进行救治。

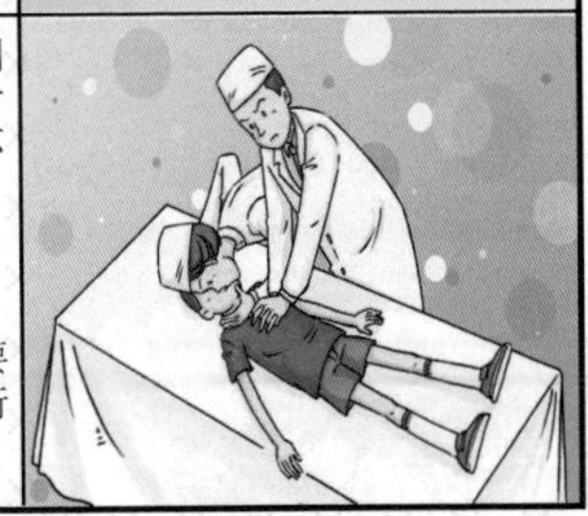

安全使用燃气具

◀ 认真阅读燃气具说明书，严格按说明书要求操作使用。

▶ 使用人工点火的燃气具在点火时，应坚持“火等气”，即先将火源凑近灶具，然后再开启气阀。

◀ 维护好燃气具，发现漏气及时关阀断气并进行维修。

▶ 燃气具在工作时，人不能长时间离开，防止火被风吹灭或被锅中溢出的开水浇灭，造成煤气泄漏而引发火灾。

谨防煤气中毒

◀ 用煤炉取暖、做饭，一定要安装烟筒和风斗，并时时保持烟筒清洁、畅通、不漏气。

▶ 伸出室外的烟囱，还应装遮风板或拐脖，防止大风将煤气吹回室内。

◀ 使用管道煤气，一定要做到用时开阀，用过关阀，离时查阀，以防煤气在室内弥漫。

▶ 煤气易燃易爆，还能使人中毒甚至死亡。开窗通风是防止煤气中毒的好方法。

煤气中毒急救措施

◀ 迅速将中毒者安全地抢救出来，并转移到清新空气中。

▶ 若中毒者呼吸微弱甚至昏迷，要立即进行人工呼吸。

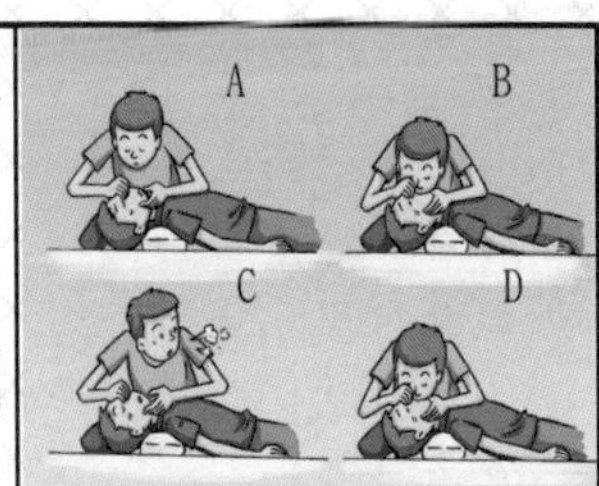

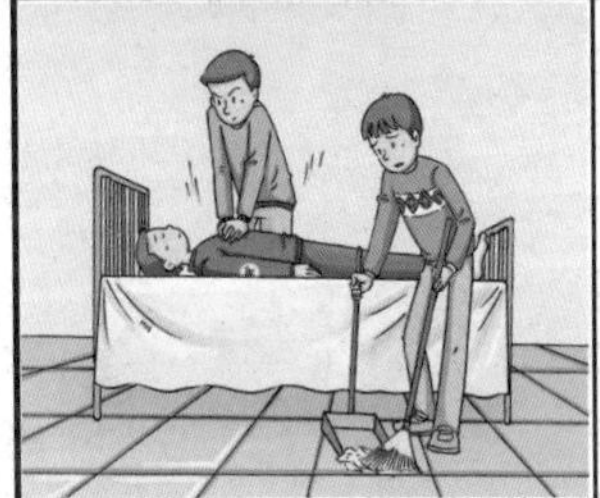

◀ 若中毒者呕吐，须清除呕吐物，若心跳停止，应立即进行心脏复苏。

▶ 迅速供氧，并用水袋敷头部降温，同时转送医院救治。

教室活动安全

◀ 防滑防摔。教室地面光滑，尤其扫地洒水后更应小心行走，以防滑倒、摔伤。

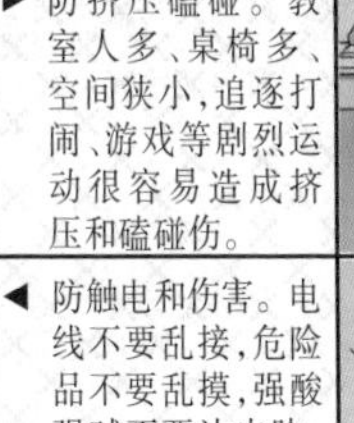

▶ 防挤压磕碰。教室人多、桌椅多、空间狭小，追逐打闹、游戏等剧烈运动很容易造成挤压和磕碰伤。

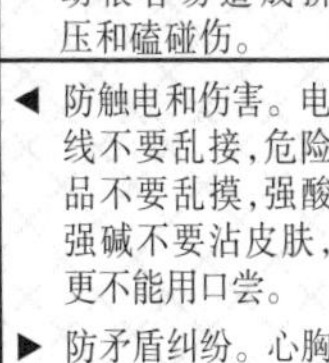

◀ 防触电和伤害。电线不要乱接，危险品不要乱摸，强酸强碱不要沾皮肤，更不能用口尝。

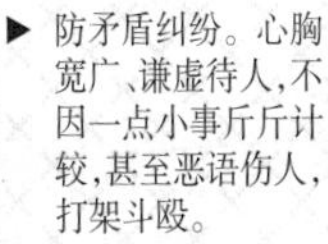

▶ 防矛盾纠纷。心胸宽广、谦虚待人，不因一点小事斤斤计较，甚至恶语伤人，打架斗殴。

宿舍安全防范

劳动安全防范

课外活动安全防范

体育课衣着安全要求

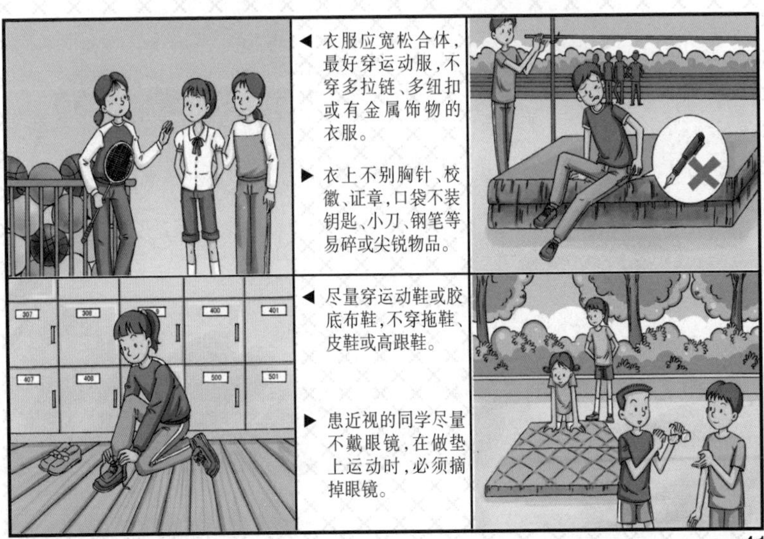

上体育课安全(一)

◀ 短跑或赛跑不能串跑道，以免绊倒或撞伤他人或自己。

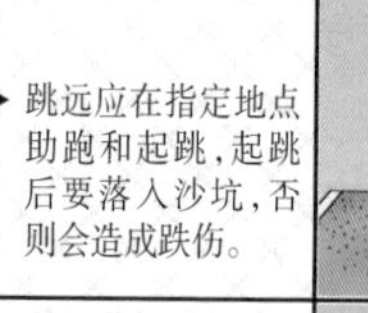

▶ 跳远应在指定地点助跑和起跳，起跳后要落入沙坑，否则会造成跌伤。

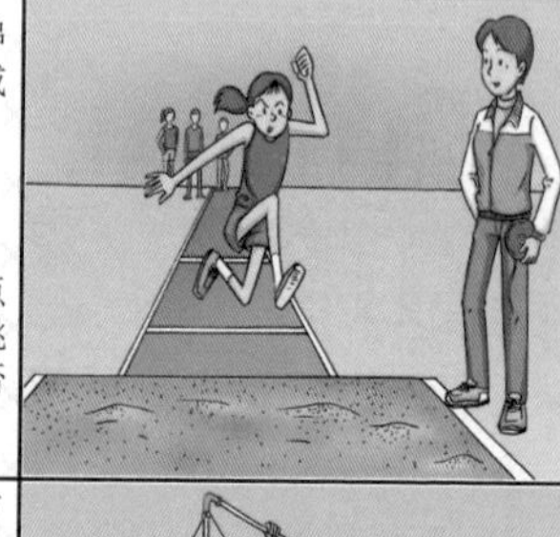

◀ 在跳高时，器械下面必须准备好标准海绵垫子，以防伤及腿部关节和后脑。

▶ 在做单双杠运动时，应做好垫海绵、防手滑等安全措施，避免摔伤、跌伤。

上体育课安全(二)

◀ 在做跳马、跳箱等跨跃运动时，器械前要有跳板，后要有护垫，两旁要有老师和同学保护。

▶ 在做前后滚翻、俯卧撑等垫上运动时，须专心认真，不能打闹，以防扭伤。

◀ 在打篮球和踢足球等争抢激烈活动时，不要粗野蛮干而伤及他人。

▶ 在剧烈运动以后，不要立即停下休息、洗澡或饮大量冷饮。

游泳安全防范

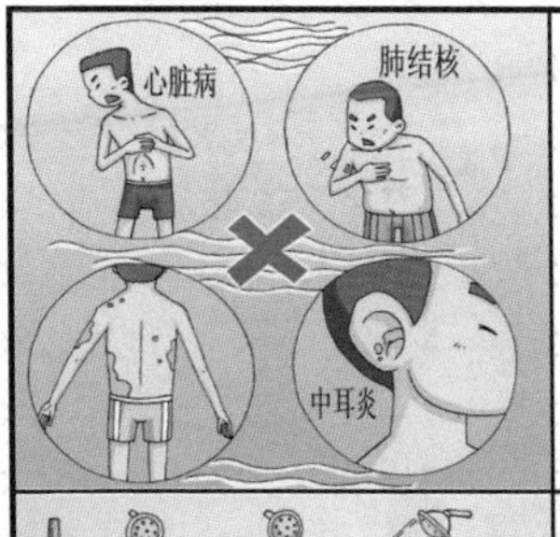

◀ 患有心脏病、肺结核、皮肤病、中耳炎、传染病的人不宜去游泳。

▶ 不到江河湖海中游泳，水中的暗流、乱石、水草、往来船只都是重大安全隐患，同时还会感染血吸虫等病。

◀ 下水前应做准备活动，并用少量冷水浸洗头、胸和四肢，以适应水温，防止出现头晕、心慌、抽筋现象。

▶ 如有人溺水，儿童不要贸然下水营救，应呼喊成人救助。

游泳遇意外自救方法

◀ 游泳遇到意外要镇定，要一边大声呼救一边进行自救。

▶ 发生抽筋时，如离岸近应立即出水上岸，如离岸远可改成仰游姿势，并对抽筋部位牵引、按摩，同时用其他肢体打水游上岸。

◀ 遇到水草时，应以仰泳姿势游回岸边，如被水草缠住，应仰浮水上，一手划水，一手解开水草，切忌乱蹦乱蹬。

▶ 陷入旋涡时，可吸气潜入水下，并用力向外游，待游出旋涡中心后再浮出水面。

溺水互救方法

◀ 设法将溺水者的头部抬出水面并拖上岸，除去其口鼻内泥沙和杂草。

▶ 将溺水者双脚提起，头朝下，并用手轻拍其背部，以使其胃、肺内的水排出。

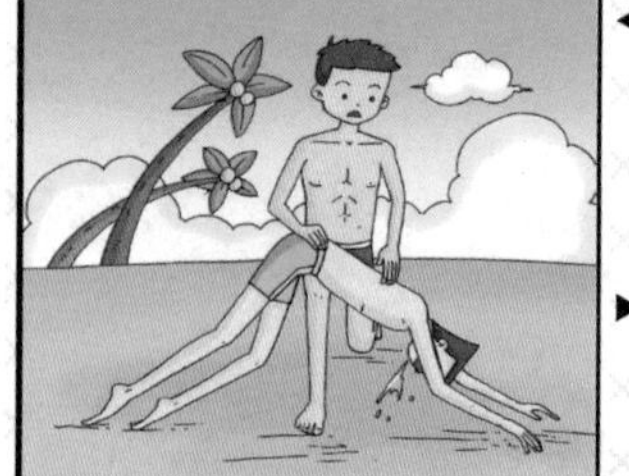

◀ 或施救者左脚跪地，将溺水者腹部置于施救者右大腿上，使其头部及上肢下垂，并用左手拍其背让胃肺中的水排下。

▶ 如溺水者呼吸和心跳停止，立即进行人工呼吸和按摩心脏使其复苏，并急送医院救治。

滑冰安全防范

◀ 滑冰是既健身又娱乐的运动，但要注意保暖，防止感冒和冻伤。

▶ 不到自然结冰的江河、湖泊、水塘滑冰，尤其不到未冻实或有裂纹、裂缝的冰面滑冰，以免掉进冰窟窿。

◀ 初学者应循序渐进，不可性急莽撞，要防止撞伤他人或摔坏自己的腰椎和后脑。

▶ 滑冰时间和强度要适宜，以防伤害身体。

掉进冰窟窿自救方法

◀ 不要惊慌，保持镇定，一有机会就大声呼救。

▶ 不要乱扑乱打，这样会使冰面破裂加大，尽量向冰层厚、裂纹小的地点靠近。

◀ 双脚不停地踩冰打水，双臂向前伸展攀划，增加全身接触冰面的面积，努力使身体上浮，并保持头部露出水面。

▶ 用俯卧式慢慢爬出冰窟，再用滚动式滚到岸边再上岸，不可站立行走。

野营活动安全

◀ 准备充分。穿旅游鞋，带防寒衣，并备齐食品、饮水、常用药、防寒衣和电筒、电池。

▶ 服从指挥，统一行动，不随意掉队或单溜。

◀ 不随便采食野果、野菜、野蘑菇，以免发生食物中毒。

▶ 不捣马蜂和蜜蜂窝，不捕蛇虫，防止被伤害。

爬高危险太大

◀ 有的同学喜欢模仿电工爬电杆，这样太危险。

▶ 有的树上有鸟窝，有的同学会上去掏鸟蛋或捉小鸟玩，这很容易摔下。

◀ 有的同学喜欢爬山，稍不注意会滑倒或摔下山来。

▶ 爬高取物或擦窗户也不安全，应小心谨慎。

外出迷路自救方法

◀ 在城市迷了路，可根据路标、路牌和公共汽车的站牌来寻找方向和路线。

▶ 在农村迷了路，应尽量向公路、村庄靠近，争取当地村民的帮助。

◀ 在农村夜间迷了路，应尽量循着灯光、狗叫声、公路上汽车马达声寻找安全地方救助。

▶ 要机智勇敢、沉着冷静。可通过打家长电话或打110，来让家人和警察知道迷路地点。

防止雷电伤人

◀ 雷雨天，雷电最易打击那些孤立高耸的物体，或从容易导电的地方经过。

▶ 电闪雷鸣，变压器旁、高压电线下经过都很容易遭雷电打击。

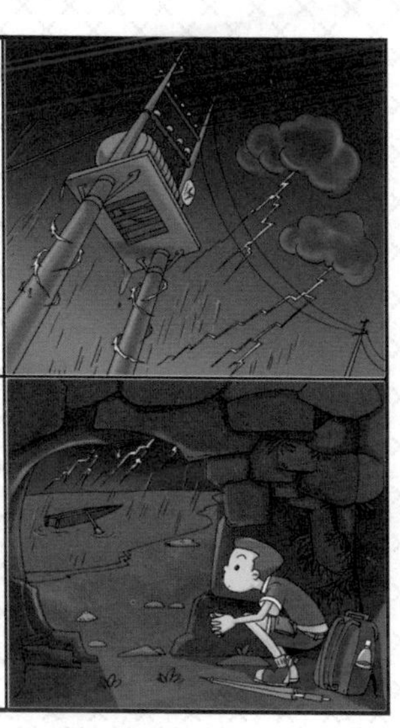

◀ 雷电时，高耸建筑物的避雷针接地线、铁架、金属旗杆都会有强大电流通过进入地面。

▶ 在野外遇雷雨，到大树下躲雨不安全，应找山洞或低洼的土沟等处藏身，并下蹲、俯身，尽量降低身体高度，不可撑雨伞或拿铁器乱跑。

防治狗咬伤

◀ 被狗咬伤容易造成伤风或狂犬病，并致人死亡。学生上学或串门应特别小心。

▶ 若被狗咬伤，应立即用手帕、红领巾等止血带扎住伤口上方，以阻止或减少病毒随血液流入全身。

◀ 迅速用干净清水或肥皂对伤口进行流水清洗，尽量清洁伤口。

▶ 即使是轻伤，24小时内也应及时到医院注射狂犬疫苗和破伤风抗毒素。

勿捣蜂窝莫捉蛇

被黄蜂、蜜蜂蜇伤自救方法

被毒蛇咬伤自救方法(一)

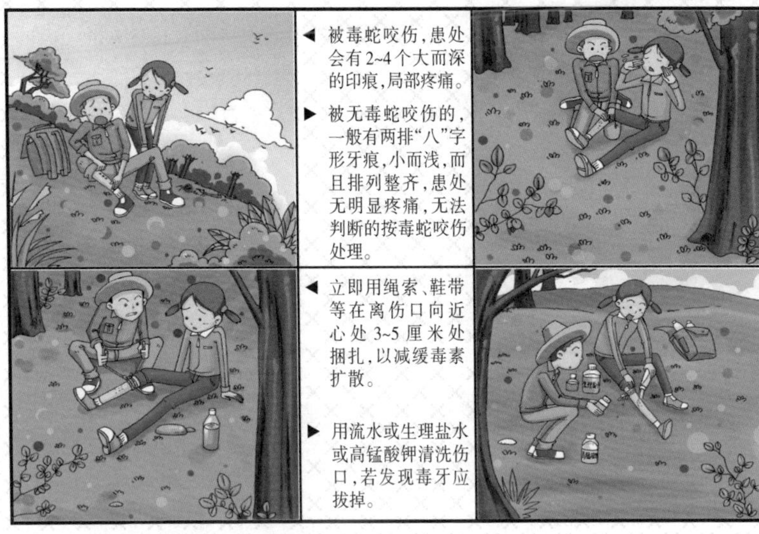

被毒蛇咬伤自救方法(二)

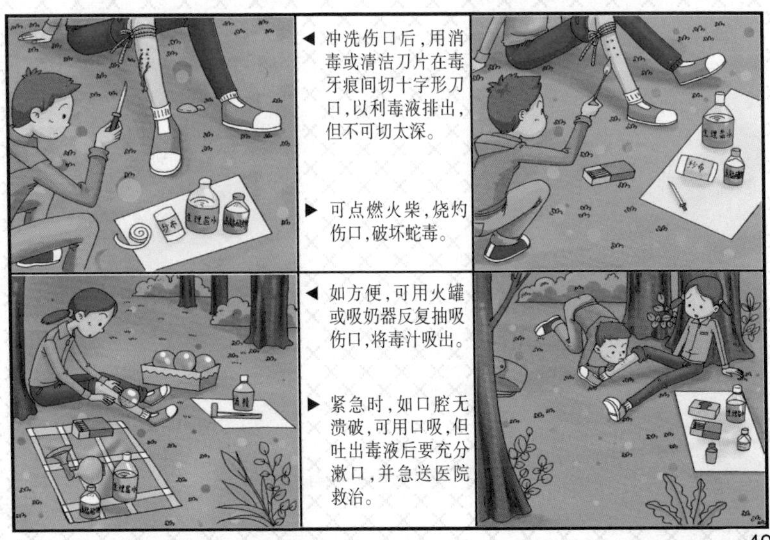

游 戏 活 动 安 全

◀由老师或家长带领，选择正规的安全卫生有保障的游乐场。

▶采取安全保险措施，听从安排，注意防患，不开玩笑。

◀不做过分剧烈的或冒险的游戏，以防造成不良后果。

▶患病或感觉不适时，就不参加活动或停止活动。

危险游戏莫模仿

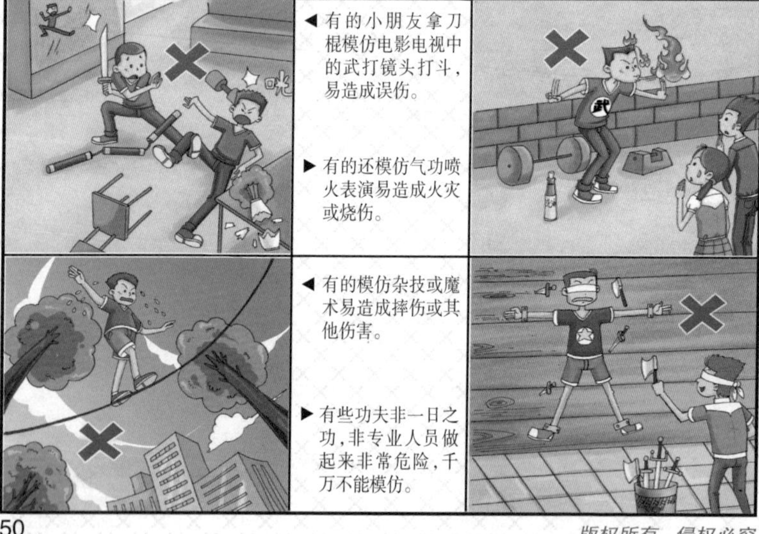

◀有的小朋友拿刀棍模仿电影电视中的武打镜头打斗，易造成误伤。

▶有的还模仿气功喷火表演易造成火灾或烧伤。

◀有的模仿杂技或魔术易造成摔伤或其他伤害。

▶有些功夫非一日之功，非专业人员做起来非常危险，千万不能模仿。

氢气球遇火会爆炸

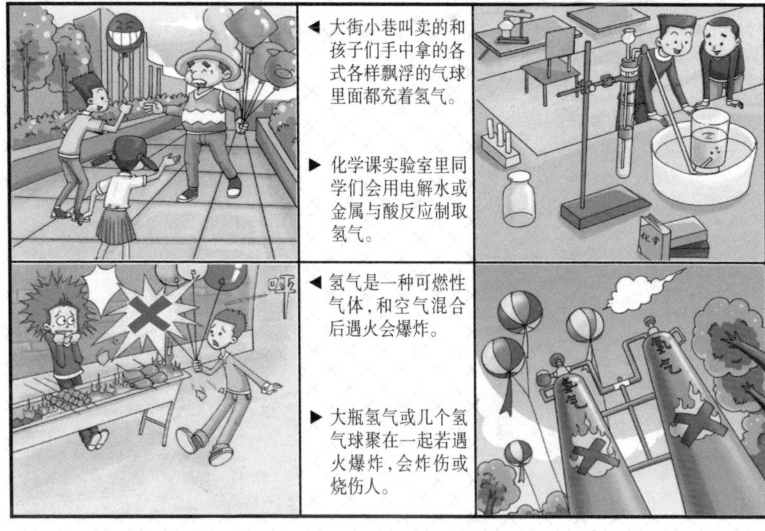

◀ 大街小巷叫卖的和孩子们手中拿的各式各样飘浮的气球里面都充着氢气。
化学
▶ 化学课实验室里同学们会用电解水或金属与酸反应制取氢气。
◀ 氢气是一种可燃性气体，和空气混合后遇火会爆炸。
氢气
氢气
▶ 大瓶氢气或几个氢气球聚在一起若遇火爆炸，会炸伤或烧伤人。

放爆竹会引发火灾

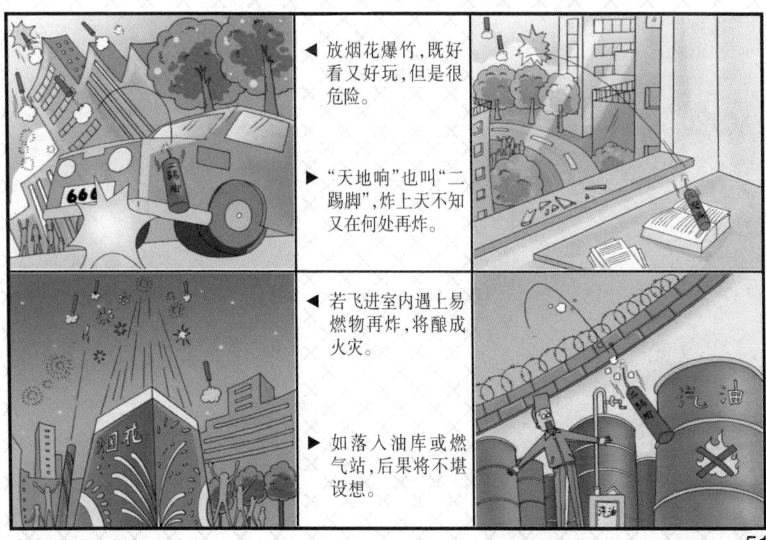

二踢脚
◀ 放烟花爆竹，既好看又好玩，但是很危险。
▶ “天地响”也叫“二踢脚”，炸上天不知又在何处再炸。
烟花
◀ 若飞进室内遇上易燃物再炸，将酿成火灾。
▶ 如落入油库或燃气站，后果将不堪设想。
汽油

烟花爆竹会伤人

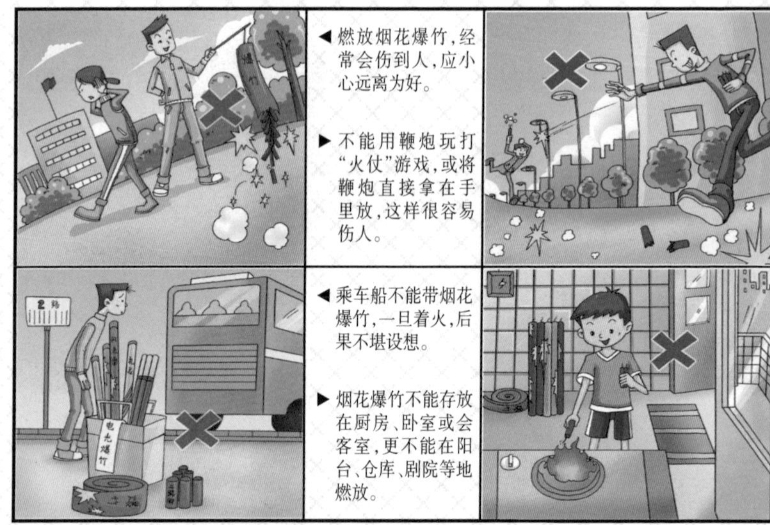

◀燃放烟花爆竹，经常会伤到人，应小心远离为好。

▶不能用鞭炮玩打“火仗”游戏，或将鞭炮直接拿在手里放，这样很容易伤人。

◀乘车船不能带烟花爆竹，一旦着火，后果不堪设想。

▶烟花爆竹不能存放在厨房、卧室或会客室，更不能在阳台、仓库、剧院等地燃放。

射箭玩弹弓易伤人

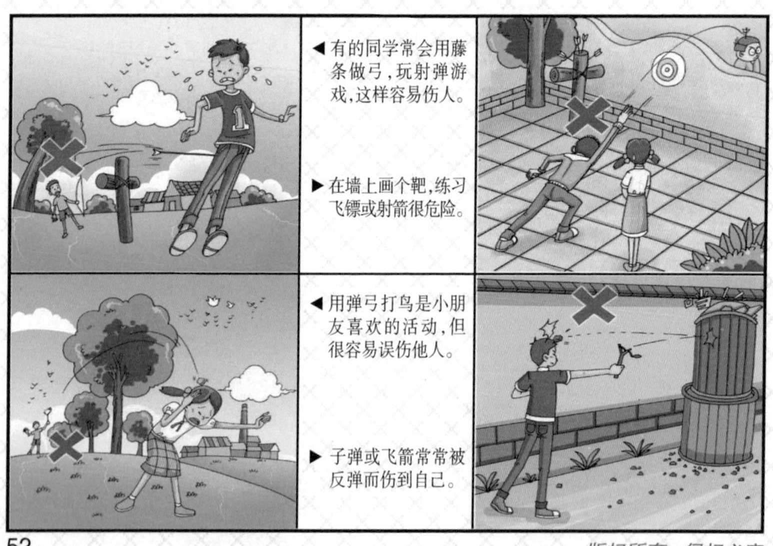

◀有的同学常会用藤条做弓，玩射弹游戏，这样容易伤人。

▶在墙上画个靶，练习飞镖或射箭很危险。

◀用弹弓打鸟是小朋友喜欢的活动，但很容易误伤他人。

▶子弹或飞箭常常被反弹而伤到自己。

玩具枪危险大

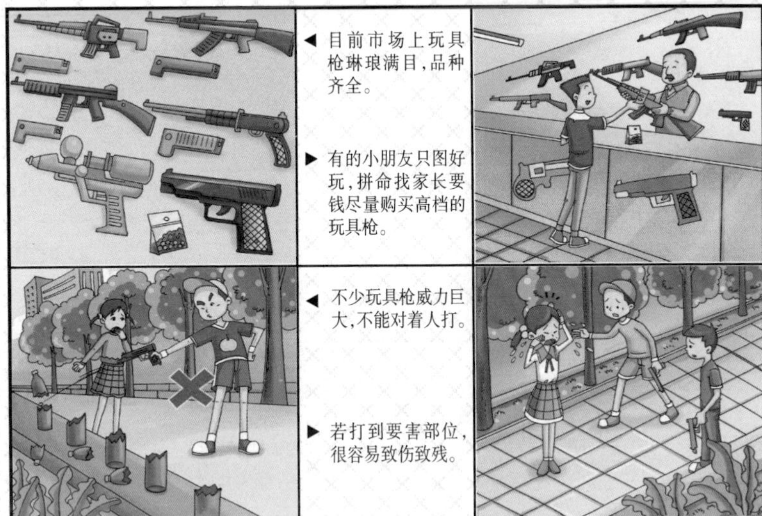

谨防手悠物体乱抛物

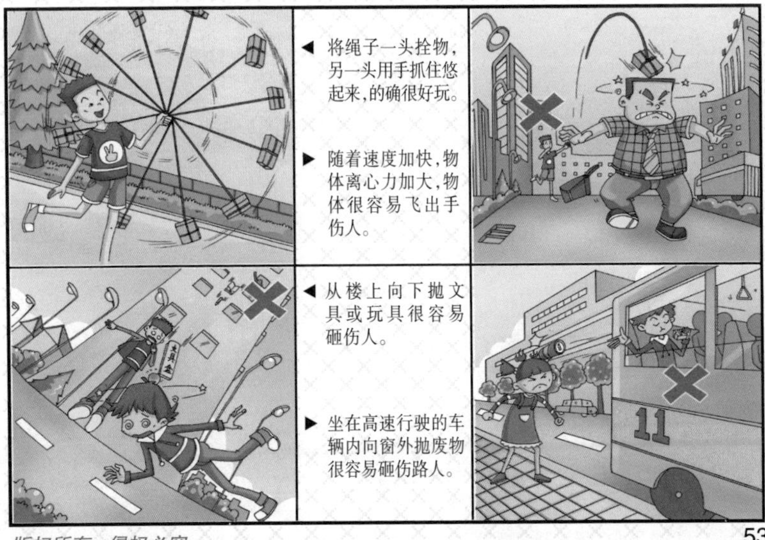

谨防踩踏

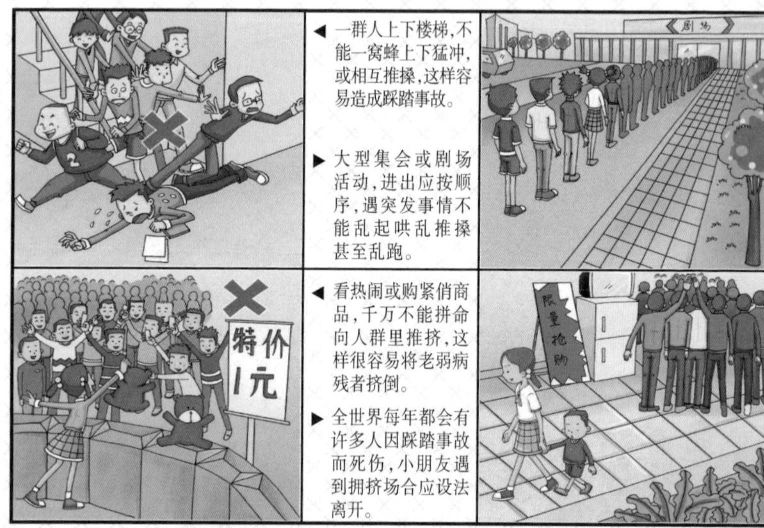
剧场
◀ 一群人上下楼梯，不能一窝蜂上下猛冲，或相互推搡，这样容易造成踩踏事故。
▶ 大型集会或剧场活动，进出应按顺序，遇突发事情不能乱起哄乱推搡甚至乱跑。
特价
1元
◀ 看热闹或购紧俏商品，千万不能拼命向人群里推挤，这样很容易将老弱病残者挤倒。
▶ 全世界每年都会有许多人因踩踏事故而死伤，小朋友遇到拥挤场合应设法离开。
限量抢购

谨慎用锥锤

◀ 在装订讲义资料和游戏时，常用锥子扎孔引线。
▶ 由于方法不对，用力时对面另一只手常常会被锥子扎伤。
◀ 修桌椅或架晾衣绳等常需要用锤子钉钉子。
▶ 注意对准方向而且用力要适当，以免被锤砸伤。

小心用刀剪

◀ 使用水果刀削果皮要小心，谨防削破手指。

▶ 用刀切菜时，刀口与手要保持距离，用过就放入刀架。

◀ 做游戏和手工实验课常会用剪刀，使用或递送行走时都要小心。

▶ 双面刀片危险大，要尽量使用单面刀片。

避免陌生人进屋

◀ 一人在家遇人敲门，应先从猫眼看看并隔门了解来人身份，不可盲目开门。

▶ 如果是修理工、推销员等要求开门，可以说家中不需要这些服务，请其离开。

◀ 如果以家长同事、朋友、远房亲戚身份敲门，也不能轻信，可请其待家长回家后再来。

▶ 如果遇到陌生人不肯离去，并纠缠要进屋，可以到阳台、窗口，大声喊邻居或保安协助，以迫使其离开。

外出自我防范

出门谨防坏人

发现盗贼怎么办

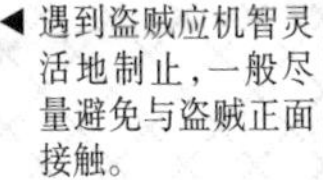

◀ 遇到盗贼应机智灵活地制止，一般尽量避免与盗贼正面接触。

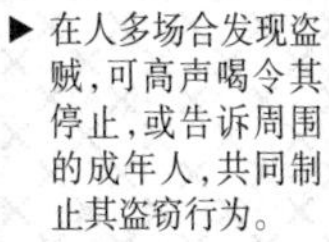

▶ 在人多场合发现盗贼，可高声喝令其停止，或告诉周围的成年人，共同制止其盗窃行为。

◀ 如窃贼正在室内作案，应迅速告诉成人或报警，不能独自入室制止。

▶ 如窃贼作案得逞，离开现场，应记清盗贼特征、逃向、车型、车号等情况，然后迅速报案。

智斗歹徒

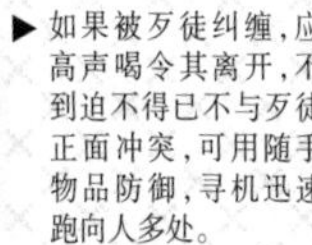

◀ 如被歹徒盯上，应冷静研究对策，可向附近商店、闹市、小区靠近，以寻求帮助。

▶ 如果被歹徒纠缠，应高声喝令其离开，不到迫不得已不与歹徒正面冲突，可用随手物品防御，寻机迅速跑向人多处。

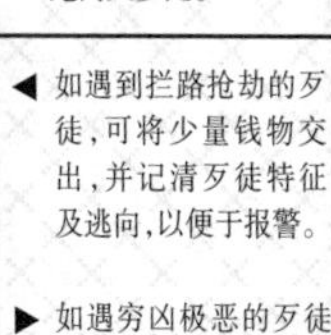

◀ 如遇到拦路抢劫的歹徒，可将少量钱物交出，并记清歹徒特征及逃向，以便于报警。

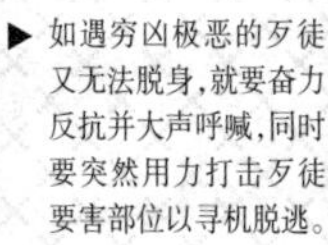

▶ 如遇穷凶极恶的歹徒又无法脱身，就要奋力反抗并大声呼喊，同时要突然用力打击歹徒要害部位以寻机脱逃。

防范精神病人

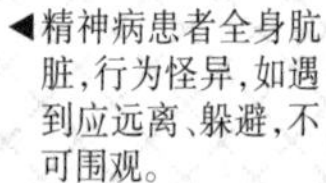

◀精神病患者全身肮脏,行为怪异,如遇到应远离、躲避,不可围观。

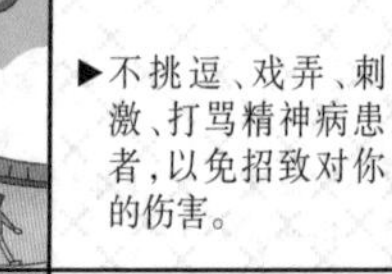

▶不挑逗、戏弄、刺激、打骂精神病患者,以免招致对你的伤害。

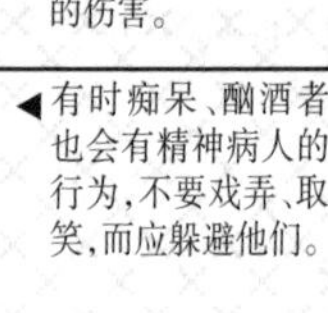

◀有时痴呆、酗酒者也会有精神病人的行为,不要戏弄、取笑,而应躲避他们。

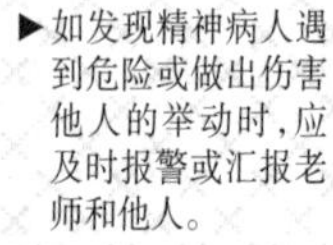

▶如发现精神病人遇到危险或做出伤害他人的举动时,应及时报警或汇报老师和他人。

生病不能乱吃药

◀不同的病是由不同的病毒或病菌引起的。

▶不同的药治病情况不同,即使同种药大人和孩子吃的剂量也不同。

◀应在医生的指导下用药,不可随意从家里找点药吃。

▶更不能用街头巷尾的游医提供的"灵丹妙药"治病。

吸烟危害健康

◀ 香烟燃烧时产生致癌物，可诱发各种癌症。

▶ 烟草中的尼古丁是剧毒物，会麻痹中枢神经，能引起心血管疾病。

◀ 吸烟害己害人，还会污染环境。

▶ 吸烟者的死亡率比不吸烟者高70%，寿命也明显缩短。

了 解 毒 品

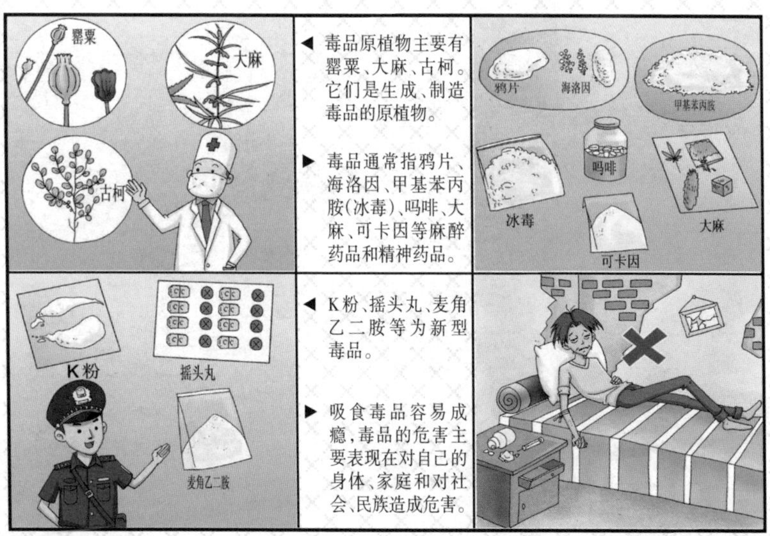

◀ 毒品原植物主要有罂粟、大麻、古柯。它们是生成、制造毒品的原植物。

▶ 毒品通常指鸦片、海洛因、甲基苯丙胺(冰毒)、吗啡、大麻、可卡因等麻醉药品和精神药品。

◀ K粉、摇头丸、麦角乙二胺等为新型毒品。

▶ 吸食毒品容易成瘾，毒品的危害主要表现在对自己的身体、家庭和对社会、民族造成危害。

毒品危害大

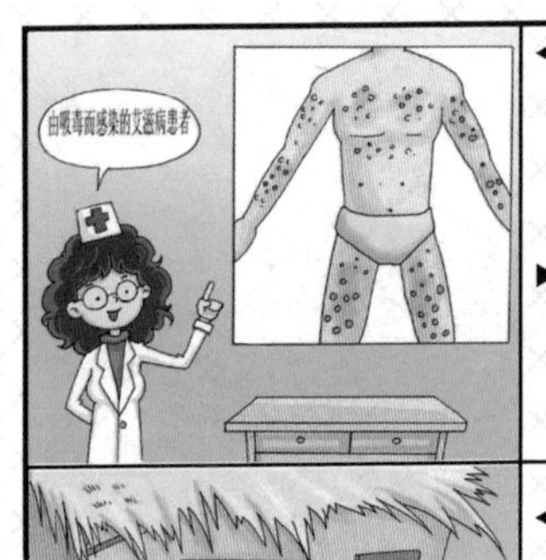

◀ 吸毒易感染肝炎、艾滋病等疾病，还易损害神经系统和免疫系统，而且平均短寿20年。

▶ 吸毒易成瘾，面色枯黄，形体消瘦，毒瘾发作如同万蚁啃肉，万剑穿心，求生不得，求死不能，易毁物伤人，甚至自伤杀人。

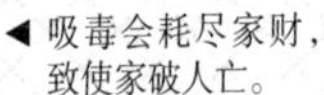

◀ 吸毒会耗尽家财，致使家破人亡。

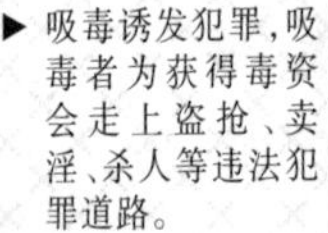

▶ 吸毒诱发犯罪，吸毒者为获得毒资会走上盗抢、卖淫、杀人等违法犯罪道路。

防止农药中毒

◀ 不玩盛放农药的纸箱、盒子和瓶子，更不能用不明来源的瓶子装水或饮料喝。

▶ 大人喷洒农药时不要进农田，也不能站在下风头看热闹。

◀ 吃蔬菜和水果时应浸泡一会，并多洗几次，能削皮的尽量削皮。

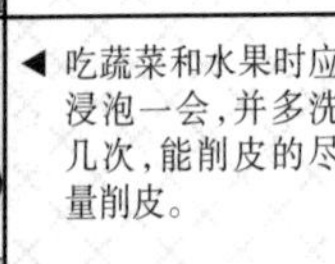

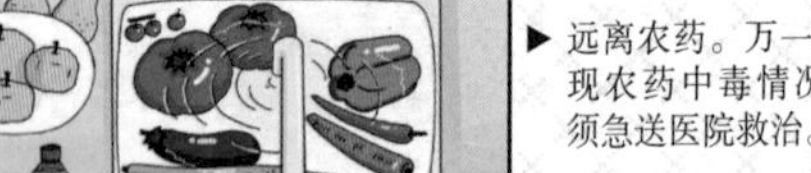

▶ 远离农药。万一发现农药中毒情况，须急送医院救治。

中暑的互救方法

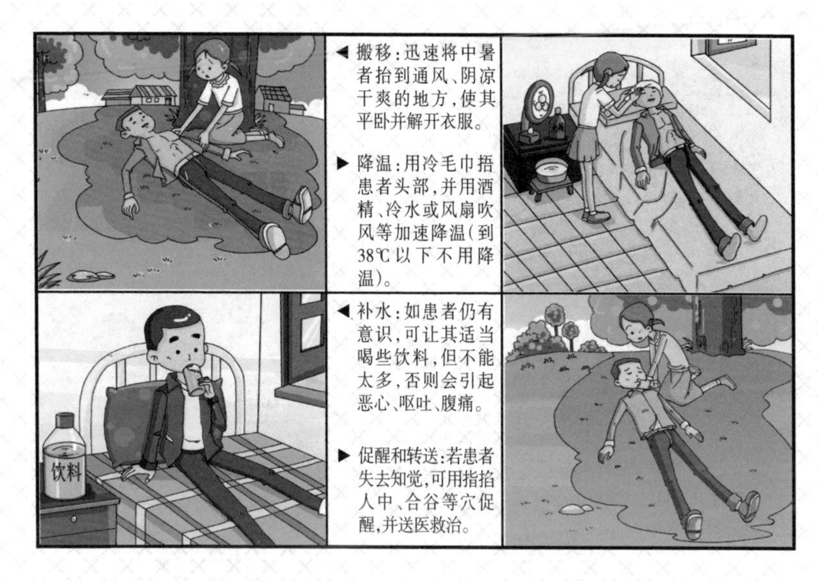

◀ 搬移：迅速将中暑者抬到通风、阴凉干爽的地方，使其平卧并解开衣服。

▶ 降温：用冷毛巾捂患者头部，并用酒精、冷水或风扇吹风等加速降温（到38℃以下不用降温）。

◀ 补水：如患者仍有意识，可让其适当喝些饮料，但不能太多，否则会引起恶心、呕吐、腹痛。

▶ 促醒和转送：若患者失去知觉，可用指掐人中、合谷等穴促醒，并送医救治。

流行感冒自救措施

◀ 住单人房间，出门戴口罩，进行呼吸道隔离。

▶ 多休息、多饮水、多食富含维生素的流质或半流质饮食。

◀ 适当服用治感冒的药品。

▶ 病情严重者应送医院诊治。

谨防各类烫伤(一)

◀倒茶、送茶给客人,务必小心,以免开水烫伤。

▶洗澡应注意冷热水开关,以免开错阀造成热水烫伤。

◀炒菜或炼猪油时,温度过高或水星溅到热油时,最易烫伤手和脸。

▶刚出锅的汤圆、油糕、热菜、热汤等温度都很高,再饿也要慢慢食用。

谨防各类烫伤(二)

◀高压锅的蒸汽温度很高,靠近它或开锅时易造成烫伤。

▶开水壶烧开水,水开后先熄火或关电源,防止冒出的蒸汽烫人。

◀电烙铁的温度高达300℃~600℃,能熔化锡金属,不要轻易乱摸。

▶电熨斗正在使用时,温度也较高,乱抓乱用会造成烫伤。

烫伤自救方法

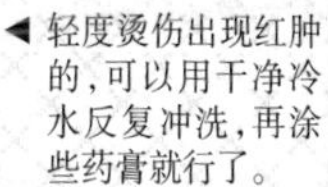

◀ 轻度烫伤出现红肿的，可以用干净冷水反复冲洗，再涂些药膏就行了。

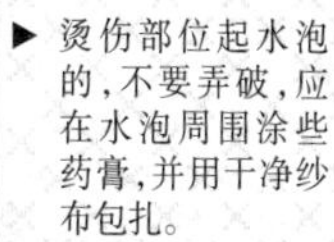

▶ 烫伤部位起水泡的，不要弄破，应在水泡周围涂些药膏，并用干净纱布包扎。

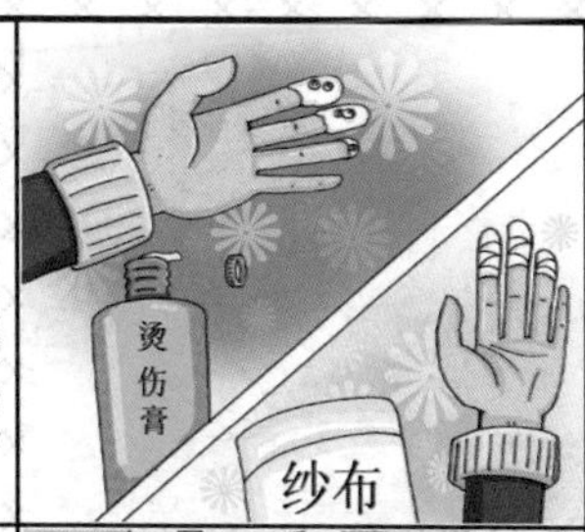

◀ 烫伤面积较大的，应脱去衣服、鞋袜，已粘连的用剪刀剪开衣服，不可强脱。

▶ 及时送医院治疗，并保持烫伤部位的清洁。烫伤未痊愈，不能涂化妆品。

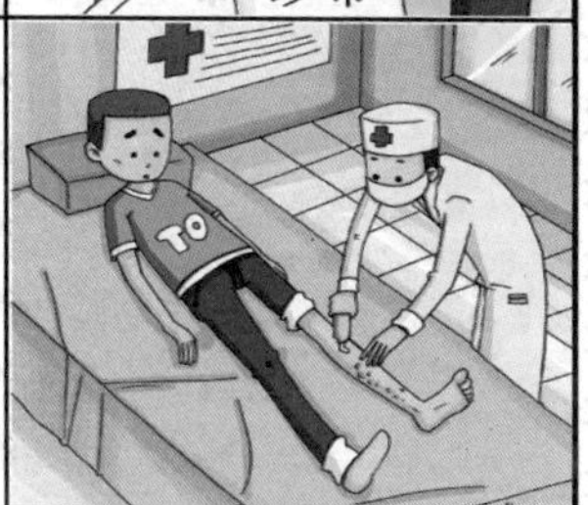

异物进眼自救方法

◀ 异物进眼不能揉，可用手指捏住眼皮，轻轻眨眼，使泪水冲出异物。

▶ 用食指和拇指捏住眼皮外缘并轻轻向外翻，找到异物并用嘴轻轻吹出。

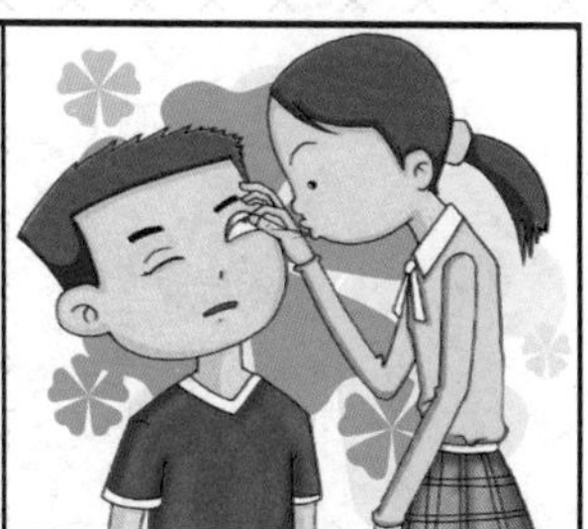

◀ 也可翻开眼皮用手帕轻轻擦掉异物，但手指和手帕要首先清洗干净。

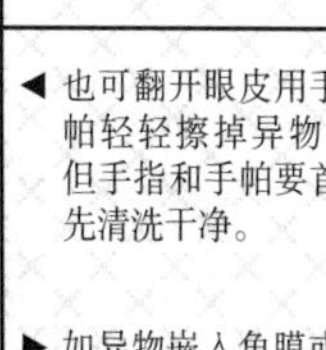

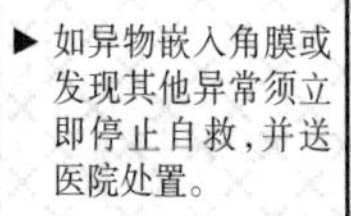

▶ 如异物嵌入角膜或发现其他异常须立即停止自救，并送医院处置。

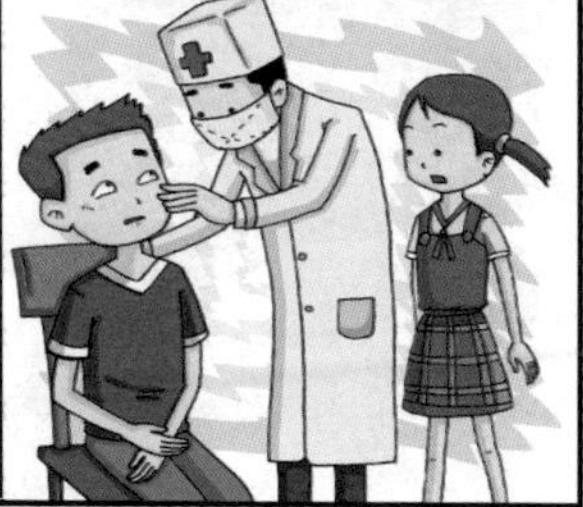

防止异物进气管

◀ 气管是人的呼吸通道，如果异物误进食管，可引发咳嗽、呼吸困难、窒息甚至死亡。

▶ 不要将纽扣、玻璃球等塞在鼻孔或含在嘴里，这样既不卫生又危险。

◀ 吃饭要专心，不要说笑、追逐、打闹，防止食物误吸入气管。

▶ 一旦异物进入气管，应立即送往医院救治。

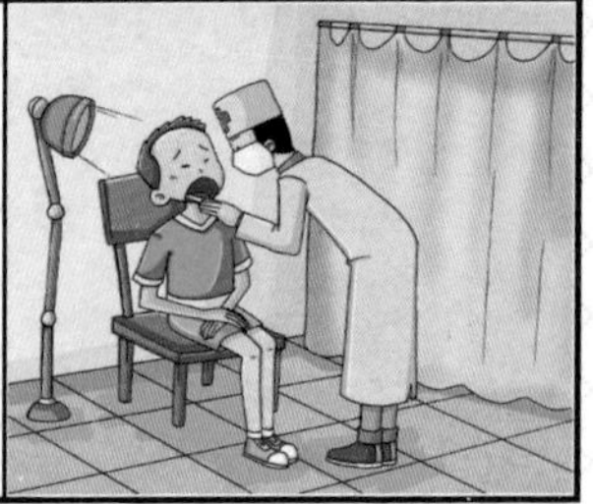

鱼刺卡喉自救法

◀ 吃鱼要专心，稍不注意鱼刺就会卡在喉咙里。

▶ 大口吃面包、吞饭团或用手指抠是危险的，容易让鱼刺越卡越深。

◀ 喝点醋让鱼刺软化一下，再适当吃点馒头或蛋糕，可能会带下去。

▶ 用筷子压住舌根，让他人查看并用手指或镊子取出，如不行则立即就医。

动物异常预地震

◀ 众蛇出洞远迁移。成百上千条蛇爬出洞并长距离迁移。

▶ 群鼠上树爬电杆。成群老鼠爬上高树或在电杆上趴着一动不动。

◀ 家犬不宁乱狂叫。家犬坐立不安，不吃不喝，狂叫不止。

▶ 禽畜难眠闹笼圈。骡马驴牛闹圈乱踢，不吃草、嘶鸣不断，鸡鸭鹅晚上不进笼，乱飞乱叫。

地光地声地震来

◀ 地震前来有征兆。常伴有地声地光或地下水位变化等现象。

▶ 地光有时五彩缤纷像日出，有时也像红光球，但在夜空中一闪即逝。

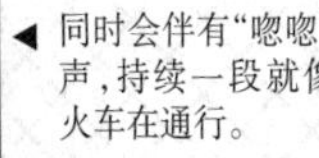

◀ 同时会伴有“嗡嗡”声，持续一段就像火车在通行。

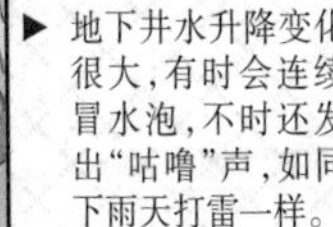

▶ 地下井水升降变化很大，有时会连续冒水泡，不时还发出“咕噜”声，如同下雨天打雷一样。

地震应急求生(一)

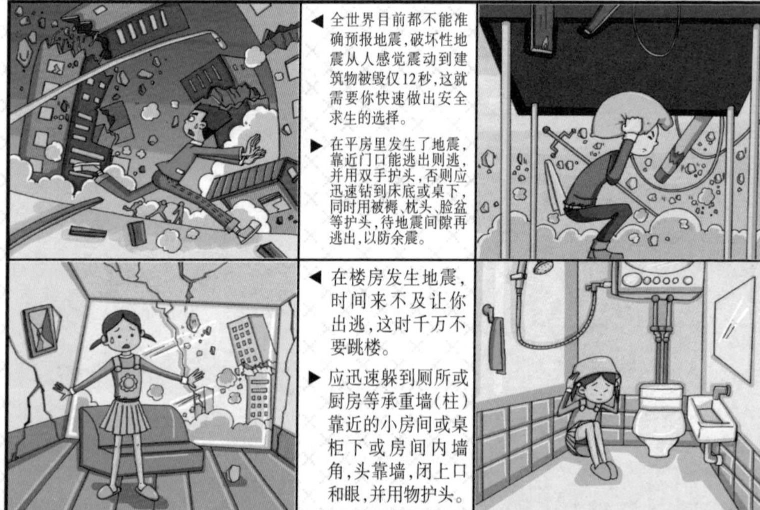

地震应急求生(二)

废墟中自救方法

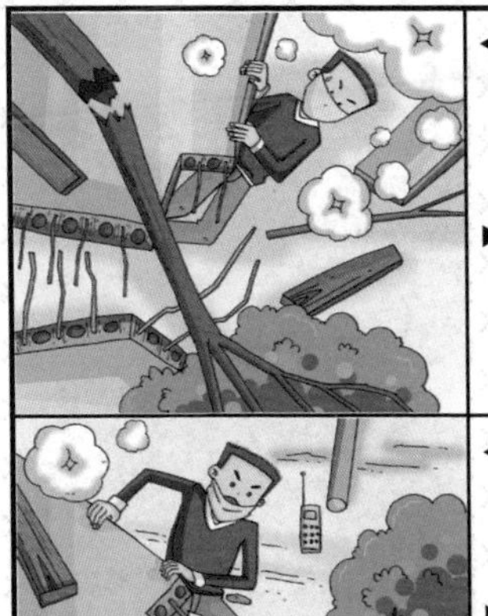

◀ 如被埋入废墟，应先设法移去压在身上的东西，并用手帕、衣物捂住口鼻，以防烟尘窒息，如能挣脱更好。

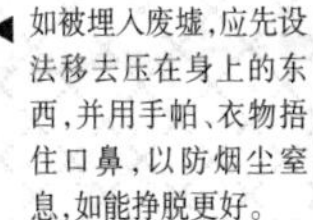

▶ 速用碎块支撑身上重物，以防塌陷压伤头和腹部。树立信心，保存体力，不乱动、不喊叫，待外界有人时再发声呼救。

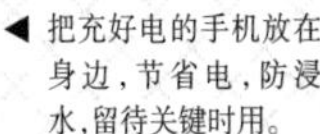

◀ 把充好电的手机放在身边，节省电，防浸水，留待关键时用。

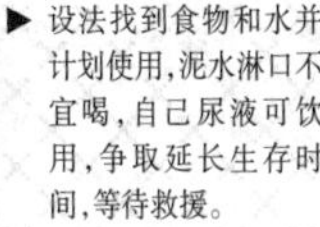

▶ 设法找到食物和水并计划使用，泥水淋口不宜喝，自己尿液可饮用，争取延长生存时间，等待救援。

震后互救方法（一）

◀ 尽量先救助容易获救的或建筑物边沿瓦砾中的幸存者，注意用手拨，不能用利器刨挖。

▶ 发现幸存者，首先应输送饮料，然后边挖边支撑，注意保护幸存者的头部，特别是眼睛。

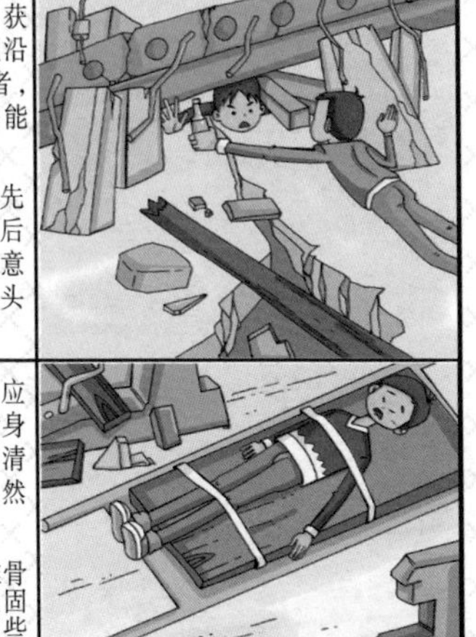

◀ 不可强拉硬拖，应尽量先使幸存者身体暴露，并迅速清除口鼻内尘土，然后施救。

▶ 对于颈椎或腰椎骨折者，应用木板固定再抬；对于那些奄奄一息者，应尽量现场救治，然后再送医院。

震后互救方法(二)

◀使用铁棍、铁铲和毛巾、被单、木板等轻便工具,有计划有组织地施救。

▶分清并保护支撑物,轻轻清除埋压物,尽量不破坏幸存者赖以生存的空间。

◀钻、凿、分割、清除埋压物时,尽量要喷水,以防伤员呛闷而死。

▶对于暂时无法救助的伤员,要使废墟下空间保持通风,并递上饮食,盖好雨布,等待时机再救。

防范热带风暴

◀得到预报立即加固房屋,关好门窗,疏通排水。

▶备好食品、饮用水、照明灯具、雨具和必备药品,以防万一。

◀风暴来临尽量在家不乱跑,遇有大风雷电时,谨慎用电,以防事故。

▶如出现洪水泛滥、泥石流等危及住房时,应设法及时转移。

躲避龙卷风

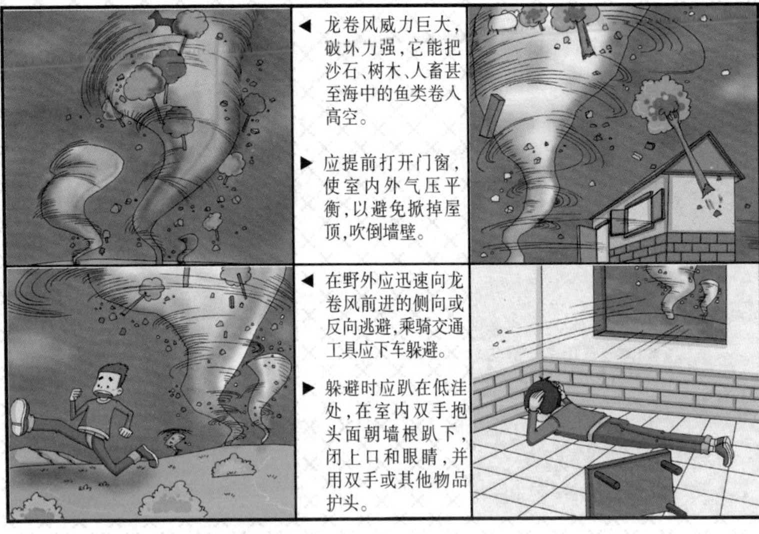

◀ 龙卷风威力巨大，破坏力强，它能把沙石、树木、人畜甚至海中的鱼类卷入高空。
▶ 应提前打开门窗，使室内外气压平衡，以避免掀掉屋顶，吹倒墙壁。
◀ 在野外应迅速向龙卷风前进的侧向或反向逃避，乘骑交通工具应下车躲避。
▶ 躲避时应趴在低洼处，在室内双手抱头面朝墙根趴下，闭上口和眼睛，并用双手或其他物品护头。

洪水暴发自救方法(一)

◀ 洪水来临前，应有组织按计划向高地转移。
▶ 如时间允许，带好通讯工具和食品药品。
◀ 不便携带的贵重物密装好埋入地下或放高处。
▶ 尽量带好救身衣、游泳圈、大块泡沫塑料等救生用品。

洪水暴发自救方法(二)

◀ 如已被洪水包围，应迅速爬上屋顶、楼房、大树、高墙暂时避险，等待救援。

▶ 用通信工具与当地防汛部门取得联系，也可用镜面反光、电筒照射发出求救信号。

◀ 如洪水威胁严重，无处躲避，尽量用船只、竹排、门板、木床等转移。

▶ 避开倾倒电线、山冲洪水、山体滑坡、泥石流等危险地段。

暴雪防摔 防冻

◀ 得知暴雪来临，应尽量避免外出活动，以防路封车堵。

▶ 避开危旧房屋，要采取保暖措施，防止冻伤头、手和脸。

◀ 暴雪后往往路迷坡滑，行走极易引起滑倒、摔伤。

▶ 马路上如果车辆和行人较多，更应注意交通安全。

台风、暴雨、寒冷预警信号

1. 白色台风信号

其含义为：热带气旋48小时内可能影响本地。

2. 绿色台风信号

其含义为：本地未来24小时内可能受热带气旋影响，平均风力可达6~7级（39~61千米/小时）；或已经受热带气旋影响，平均风力为6~7级。

3. 黄色台风信号

其含义为：本地未来12小时内可能受热带气旋影响，平均风力可达8级（62~74千米/小时）以上；或已经受热带气旋影响，平均风力为8~9级（62~88千米/小时）。

4. 红色台风信号

其含义为：本地受热带气旋影响，未来12小时内平均风力可达10级（89~102千米/小时）以上；或已经受热带气旋影响，平均风力为10~11级（89~117千米/小时）。

5. 黑色台风信号

其含义为：热带气旋将在未来12小时内在本地或附近登陆，平均风力12级（118~133千米/小时）或以上；或已经受热带气旋影响，平均风力12级或以上。

1. 黄色暴雨信号

其含义为：6小时内，本地将可能有暴雨发生。

2. 红色暴雨信号

其含义为：在刚过去的3小时内，本地部分地区降雨量已达50毫米以上，且雨势可能持续。

3. 黑色暴雨信号

其含义为：在刚过去的3小时内，本地部分地区降雨量已达100毫米以上，且雨势可能持续。

1. 黄色寒冷信号

其含义为：因北方冷空气侵袭，致使当地气温在24小时内急剧降低10摄氏度以上。

2. 红色寒冷信号

其含义为：因北方冷空气侵袭，致使当地最低气温降到5摄氏度以下。

3. 黑色寒冷信号

其含义为：因北方冷空气侵袭，致使当地最低气温降到零摄氏度以下。

道路交通警告标志

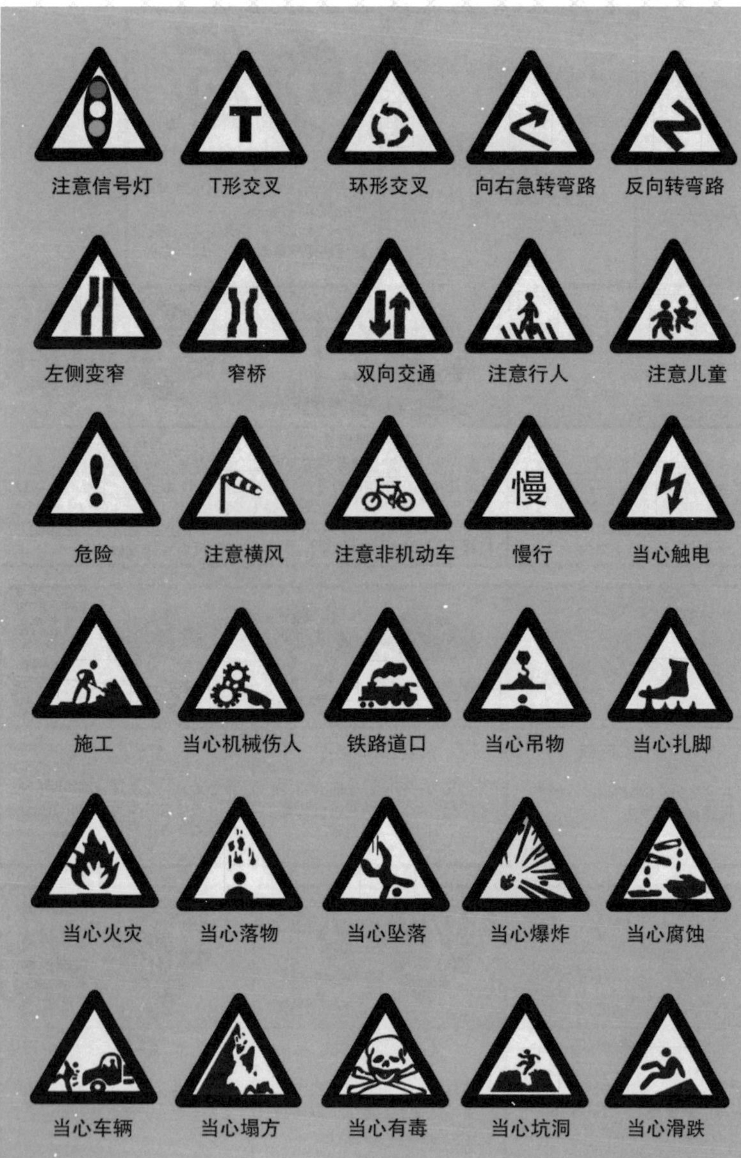

T
慢
注意信号灯
T形交叉
环形交叉
向右急转弯路
反向转弯路
左侧变窄
窄桥
双向交通
注意行人
注意儿童
危险
注意横风
注意非机动车
慢行
当心触电
施工
当心机械伤人
铁路道口
当心吊物
当心扎脚
当心火灾
当心落物
当心坠落
当心爆炸
当心腐蚀
当心车辆
当心塌方
当心有毒
当心坑洞
当心滑跌

道路交通禁令标志

禁止攀登　禁止烟火　禁止饮用　禁止跨越　禁止跳水

禁止停留　禁止入内　禁止驶入　禁止鸣喇叭　减速让行

禁止直行　禁止向左转弯　禁止向右转弯　停车检查　停车让行

禁止直行和向左转弯　禁止直行和向右转弯　禁止向左向右转弯　禁止超车　禁止通行

限制高度　限制质量　限制宽度　限制速度　解除限制速度

禁止行人通行　禁止骑自行车上坡　禁止人力客运三轮车通行　禁止人力车通行　禁止机动车通行

学生安全知识测试题精选

一、填空题(1~30题)

1.安全教育包括生命教育、公共教育、世纪教育。对中小学生要进行自护、自救的安全教育。

2.全国中小学生安全教育日是每年3月份最后一个星期一。

3.近几年,全国平均每年非正常死亡中小学生10000人以上。

4.江泽民同志关于消防工作的三句话是:隐患险于明火、防范胜于救灾、责任重于泰山。

5.学校组织学生集体活动要有明确的目的,周密的安排、严格的防范措施。

6.通过道路、施工场地,要注意车辆来往方向,做到"一停二看三经过"。

7.路口交通信号灯。绿灯亮时,准许车辆和行人通行。黄灯亮时,不准车辆和行人通行,但已过停车线和已进入人行横道的行人可继续通行。红灯亮时,不准车辆和行人通行。人行横道灯绿灯亮时,准许通过。绿灯闪烁时,不准行人进入,但已进入人行横道的可继续通行。

8.学校集体活动必须严格检查操场、礼堂、舞台、悬挂物、电器线等是否安全。

9.在校内要注意,在

楼梯、通道、台阶、厕所、出口等处避免发生拥挤、拥堵、踩踏造成死亡。

10.校内体育活动必须树立很强的安全意识，必须经常检查体育设施、体育器材是否安全。

11.安全游泳要注意选择合适的时间和地点，饥饿或过饱、大汗淋漓、不熟悉水情时不要游泳。

12.学生鼻出血处理：暂时用口呼吸，头向后仰，在鼻部放置冷水手巾。

13.电褥子要选用合格产品，使用中不要折叠。

14.下雷雨时，离开电线、水龙头、大树、湿的建筑物等。

15.学校的用电安全，有住读生的学校要严禁学生私自在寝室使用电器取暖，安装床上灯，接装交流电录音机。

16.发生触电事故，要立即切断电源。

17.可燃物、助燃物、着火源称为燃烧三要素。

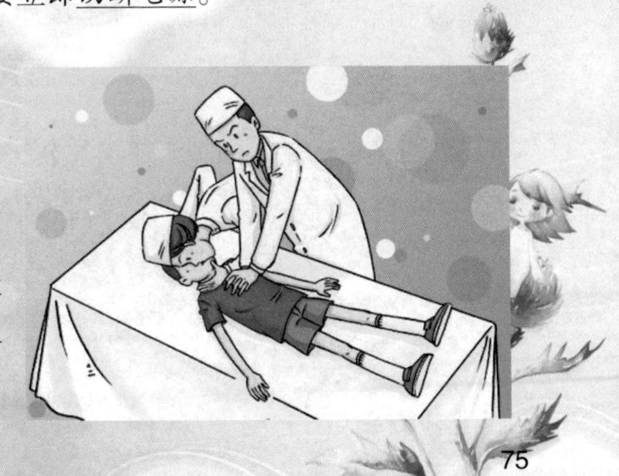

18.无论是管道煤气、还是罐装液化石油气，都必须先点火后供气，并且罐离火源至少1米以外。

19.如果发现煤气、液化气泄漏时，应立即关闭阀门、打开门窗，切勿触动电器开关和使用明火。

20.任何人发现火灾时都应立即报警，任何单位和个人都应无偿为报警提供方便。

21.院落或楼道是发生火灾时人员脱险的通道，也是灭火人员的必经之路，必须确保畅通无阻，不要在这些地方存放车辆和堆放杂物。

22.在消防用水管道上，有一种带顶盖和大小出水口及阀体组织的装置，表面是红色的，一般都集中在城市道路两旁，是专供灭火时接水用的，它的名字叫消防栓。

23.吸烟既危害健康又易引起火灾。一个小小的烟头，表面温度却有200℃~300℃，而中心温度则高达700℃~800℃，遇到可燃物极易引起火灾。

24.睡觉时被烟呛醒，应迅速下床冲出房间，不要等穿好了衣服才往外跑，此刻时间就是生命。

25.在紧急情况下，供人员疏散的出口为安全门，一般公共场所，大型商场、宾馆、饭店都设有安全门，并设有安全指示标志，如遇紧急情况可寻

找这些标志逃生。

26.我国电话查询是114,急救电话号码是120,匪警电话号码是110,火警电话号码是119。火警电话不能随意拨打,对阻拦报火警的,将依据消防法处以警告、罚款或者10日以下拘留。

27.几种易引起食物中毒的常见蔬菜有发芽的马铃薯(土豆)、炒煮不熟的四季豆(扁豆、豆角)、发霉的甘蔗。

28.有机磷农药中毒可经皮肤、呼吸道、消化道侵入人体,引起头痛、头晕、恶心、呕吐、腹泻、多汗、视力减退等。

29.健康的心理是健康身体的精神支柱,乐观的情绪是身心和谐的象征,是心理健康的标志。

30.学校要加强师生安全教育,定期组织安全知识、安全防范和自我救护等专题讲座,坚持安全教育与教育教学相结合,把学生的心理健康教育、安全教育渗透到各学科教学之中。学校安全工作总的要求是:坚持安全第一,预防为主的原则。

二、判断题(1~10题)

1.公安消防部队扑救火灾可以向发生火灾的单位和个人收取一定费用。(×)

2.小张邻居家发生了火灾,小张发现后立即拨打119火警电话:"叔叔,我们这里着火了,快来救火"说完,他就把电话放下了。(×)

3.小明放学回家后,闻到室内有很浓的煤气味,他立即打开

电灯察看。(×)

4.教学楼发生火灾,如果楼道中只有烟没有火时,同学们可用湿毛巾捂住口鼻,采用低头弯腰的姿势逃离现场。(√)

5.小明学习很刻苦,经常学习到深夜。为了不影响他人休息,他在床头60瓦的灯泡上安装了一个自己用纸制作的灯罩。(×)

6.干粉灭火器适用于扑救油类、可燃气体和电器设备火灾。(√)

7.影剧院发生火灾,如果烟雾太大或突然断电,应沿着墙壁摸索前进,不要往座位下、角落里乱钻。(√)

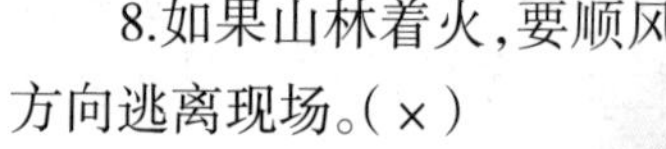

8.如果山林着火,要顺风方向逃离现场。(×)

9.身上衣服着火时,应迅速脱掉或撕掉衣服,也可地上打滚把火压灭。(√)

10.实验课上使用的化学药品有些是易燃品,所以操作时一定要按老师的要求去做,不要随意自行配制药品和违反操作规程。(√)

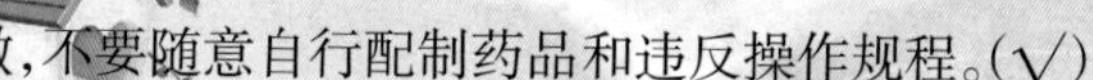

三、选择题(在括号里填上正确序号)

1.出现恶心、呕吐、腹泻、稀水样大便等特征的属于(A)

A.食物中毒　B.晕车　C.晕船　D.感冒

2.什么情况下学生不能参加剧烈体育运动?(B)

A.感冒刚愈者　B.患肝炎、肾炎、肺结核刚病愈

C.胃病刚愈者　D.划伤刚愈者

3.中暑以后怎么办?(A、B、C、D)

A.迅速走到阴凉通风的地方

B.松开衣扣散热，无风可用电扇或扇子

C.用冷毛巾敷头部、胸部

D.补充适量的含盐清凉饮料

4.游泳小常识规定哪几条？(A、B、C、D)

A.单身一人不宜去游泳

B.参加强体力劳动后不宜游泳

C.身体患病者不要去游泳

D.恶劣天气如下雨、刮风不宜游泳

5.遇到毒蛇咬伤后应采取哪些措施？(A、C、D)

A.立即就地坐下自救

B.用手帕、皮带、绳索扎住伤口，每隔3~4小时放松一次

C.立即用刀子划破伤口，并用水清洗

D.尽快服用各类蛇药

6.学校食堂、经销店不得购进、销售过期、变质食品，经销店不得购进、销售(A)食品，必须严格执行(B)。(A、B)

A.三无　　B.《食品卫生法》

C.绿色　　D.《学校卫生防疫工作条例》

7.沙尘、虫子进入眼耳内的处理方法。(B、C、D)

A.用手揉眼和耳部

B.用手帕蘸清洁水粘取

C.用手电筒照在耳边、引诱虫子从耳内爬出

D.头应偏向患侧，用力跳动，让其滚出

8.怎样提高学生的心理素质？（A、B、C、D）

A.帮助学生树立正确的人生观，始终保持开阔的心胸

B.让学生充分认识自己，正确评价自己

C.积极交友，宽容待人，善于与他人交流思想、感情

D.要教育学生尊重他人等

四、问答题

1.煤气溢出怎么办？

（1）发现煤气泄漏时，首先应用湿毛巾掩住口鼻，尽快开窗通风，并迅速撤离到安全的地方。

（2）千万不要在有刺激性气味的地方开灯、开电器或者打电话和手机，防止发生爆炸。

（3）在到达安全区后，再拨打“119”、“110”电话报警。

（4）在使用煤或煤气取暖、沐浴时，如果觉得身体不适，应立即开门窗通风。不适情况严重的话，要尽快告诉家人或邻居，或拨打电话“120”求助。

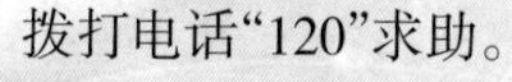

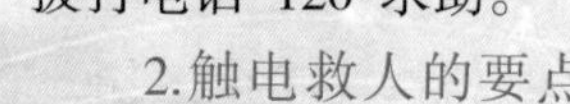

2.触电救人的要点是什么？

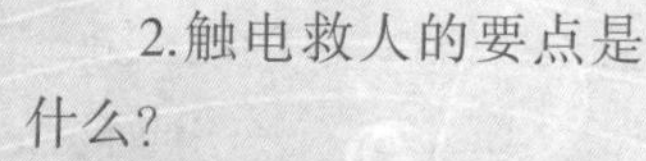

（1）立即关闭电源开关拔掉电源插头；

（2）不要直接用身体接触触电人的双手和身体；

（3）对呼吸、心跳停止的触电人，进行人工呼吸和

胸外心脏挤压。

3.疯狗咬伤怎么办?

挤压、冲洗伤口,伤口敞开不包扎,尽快注射狂犬病疫苗。

4.火灾中怎样逃生?

(1)俯下身子行走、趴在地上移动,用湿毛巾等捂住口鼻离开火场;

(2)火灾时不要乘电梯,以免因停电或设备损坏电梯开不了;

(3)不要盲目跳楼,不要乱跑乱叫;

(4)可躲避在密闭门窗的房间里,等待救援时机。

5.怎样防止上歹徒的当?

(1)防止坏人进家门,不认识的人不要随便让进自己的家;

(2)不要随便与陌生人交往,以防“引狼入室”;

(3)不要轻信“假执法人员”、“假警察”的话。

6.校内易发生哪几种类型的安全事故?

拥挤踩踏(主要集中在楼梯、通道、台阶、厕所、校门)、运动伤害(跑跳投,运动器械设施损坏)、打斗伤害、食物中毒、煤气中毒、火灾事故、危险建筑、校内交通事故等。

7.校内易发生危险的重点地方有哪些?

实验室、语音室、微机室、电化多功能

室、图书馆书库、财务室、食堂、宿舍及其他人员密集处。

8.怎样预防被抢劫?

(1)上下学应与同学结伴而行,平时特别是晚上尽量不要单独外出。

(2)外出要选择治安环境好的路线,不要单独到僻静、荒凉的地方。

(3)随身带的东西不要太贵重,财物不要外露。不要一边走一边旁若无人地打手机,手机不要挂在脖子上。不要把挎包放在自行车筐里,以免成为坏人追逐的目标。

(4)如果身上挂着挎包,应尽量靠近人行道内侧走,包放在内侧,用手握紧。

9.遭到抢劫怎么办?

(1)要沉着冷静,以保护自身为第一原则。

(2)事发时要大声呼救,可以有效遏止坏人的举动,并为自己寻求到帮助。

(3)如果你的身体条件比歹徒好,在自身没有生命危险的情况下,可以努力反抗,全力保护自己的财物;如果对方力量比你强,就应以逃避为上策。

(4)如果抵抗失败,要设法在歹徒身上留下痕迹,如撕破其衣服、咬伤、抓伤其脸部等,提供给公安机关以便破案。

(5)发生抢劫后,应及时拨打“110”电话或到派出所报案。

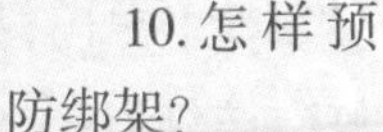

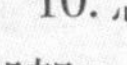

10.怎样预防绑架?

(1)不要轻信任何陌生人,不要听信网友的话,更不能单独私会网友。

(2)不要在公开场合炫耀自家财产,以免自己成为歹徒作案的对象。

(3)不要告诉陌生人家长姓名、职业、电话和家庭住址,有人询问同学的家庭情况,也不要轻易说。

(4)不要单独与陌生人外出或独处,不给居心叵测的人以作案的机会。

11.被坏人绑架了怎么办?

一旦被坏人绑架,不要慌乱,不要与绑匪发生正面冲突,尽量设法缓解局势。同时要动脑筋、想办法,尽快报警或者把自己的处境和所在地点通知亲人、朋友、老师或有可能给予你帮助的人。在等待解救的同时,应尽量保证自身的安全并机智地与绑匪周旋,为公安部门的行动争取时间。

12.如何预防性侵害?

(1)女生不要深

夜独自外出，如果必须晚上出门，尽量结伴行走，宁可多绕路也不要走容易出事的僻静小路和街道。

(2)夜间晚归，事先通知你的家人，不要搭陌生人的便车，不要让刚认识的人送你。

(3)尽量避免单独和异性在家里或宁静、封闭的环境中会面，不要接受陌生人赠送的食品和饮料，不要不好意思拒绝客人的无理要求。

(4)穿着打扮要朴素大方，不要穿过于暴露的服装。举止应端庄，杜绝轻浮的言行。

(5)如果发现有人跟踪，应立刻向人多的地方靠拢，并用手机或电话向亲友、警察求助，但切勿在僻静街上的电话亭打电话，那样有可能被歹徒堵在电话亭内。

(6)每个人特别是少女，应树立自己的身体神圣不可侵犯的意识，严守任何人都不得随意触摸自己身体的原则。

校园安全警告标语

01.安全是我们永恒的旋律

02.千计万计,安全教育第一计

03.安全知识让你化险为夷

04.学习是首要,安全更重要

05.关注安全,珍惜生命

06.幸福是人类的向往,安全是快乐的根本

07.麻痹是最大的隐患,失职是最大的祸根

08.事故出于麻痹,安全来于警惕

09.安全是幸福的保证,事故是悲剧的祸根

10.安全创造幸福,疏忽带来痛苦

11.安全与幸福携手,幸福与生命同行

12.生命没有回头路,事故没有后悔药

13.文明在于细节处理,安全在于未然防范

14.祸起瞬间,防范未然

15.用显微镜查找隐患,用放大镜看待问题

16.保安全千日不足,出事故一日有余

17.加强安全管理,建设平安校园

18.维护校园安全,构建人文和谐

19.增强师生防范意识,营造校园安全环境

20.营造校园安全氛围,创造温馨学习环境

21.平安伴我在校园,人人事事保平安

22.高高兴兴上学,安安全全回家

23.教室走廊不乱跑,安全第一真是好

24.构建健康心理,实现美丽人生

25.疾病从口入,事故由松出

26.食品安全联万家,健康幸福你我他

27.给食品多一点关注,对生命多一份责任

28.家事国事天下事,食品安全是大事

29.保食品安全,筑健康长城

30.保障饮水安全,维护生命健康

31.道路千万条,安全第一条

32.遵守交通法规,关爱生命旅程

33.红灯短暂,生命无限

34.心无交规,路有坎坷

35.安全是生命之本,违章是事故之源

36.安全在我心中,生命在我手中

37.一秒钟车祸,一辈子痛苦

38.消防消防,重在预防

39.让火灾远离校园,让平安与您相伴

40.冒险事故多,谨慎保安全

41.忽视安全抓教学是火中取栗，脱离安全求效益是水中捞月

42.树立安全第一思想，服从安全第一原则

43.安全伴我在校园，我把安全带回家

44.人人讲安全，家家保平安

45.安全人人抓，幸福千万家

46.无知加大意必危险，防护加警惕保安全

47.安全与效益结伴而行，事故与损失同时发生